写真図解でわかる
チェーンソーの使い方

石垣 正喜 著

全国林業改良普及協会

著者プロフィール

石垣正喜（いしがき・まさき）

静岡県静岡市清水区在住。特定非営利活動法人ジット・ネットワークサービス理事長（略称G・N・S）。G・N・Sは、伐木指導を目的として2004年に立ち上げたNPO法人。子どもから市民森林ボランティア、林業のプロまでの伐木指導をはじめ、森林を舞台とした環境教育、社寺等の支障木伐採等の事業を展開しています。G・N・S発足のきっかけとなった、みどり情報局静岡（S-GIT）の創設者（1992年発足）。S-GITは、環境問題として森林を位置づけ、林業のプロから市民まで職種を越えてメンバーを集め、間伐などを実践しています。全国森林管理技術・技能審査認定協会（FLA）理事長。著書に『刈払機安全作業ガイド－基本と実践－』『改訂版 伐木造材とチェーンソーワーク』（共著）（共に全国林業改良普及協会）があります。

はじめに

チェーンソーは、林業に携わる人々が立木を伐り倒すために使う、特殊な道具ではありません。

自家用の薪つくりから庭木の手入れまで、従来手鋸で行っていたものすべてに対応する、汎用性のある道具です。小型・軽量で、ホームセンターでも低価格で売られ、求めようと思えば誰でも手の届く道具類の１つになっています。

また、近年各種災害（震災、台風等）時に、力を発揮する機材になることが認識され、各地の防災倉庫にも装備されるようになりました。

しかし、手鋸と違って動力を使用する刃物であることから（体力的には楽ですが）その使用およびメンテナンスについて、正しい知識と使用方法を身につけないと大変危険な道具にもなります。

こうした事情もあり、「防災用にチェーンソーが装備されてはいても、どのように使用したらよいのかわからないので、ただあるだけだ」とか、「薪切り用に便利だから、買って使用したところひどいケガをした」等々よく耳にします。

本書は、こうしたことにも対応することを目的に、まったくの初心者でも正しい知識と訓練方法、そして機械のメンテナンス等その基礎を理解しやすいように執筆、編集しました。

本書が多くの方々の安全なチェーンソーワークに、貢献できれば幸いです。

石垣正喜

1章 チェーンソーを知ろう

2章 チェーンソーの扱い方

3章 チェーンソーワークの基本

4章 チェーンソー操作のトレーニング

5章 伐木のトレーニング

6章 安全対策

本書をお読みになる前に

本書に掲載した作業写真は、プロの伐木等作業における労働災害の防止に資することを目的とした「チェーンソーによる伐木等作業の安全に関するガイドライン」（厚生労働省／改正令和２年１月31日）で示されている、安全に作業を行うために着用すべき保護具、保護衣を身につけています。また、本書中で紹介する「ガイドライン」は、このガイドラインを指しています。

なお、同ガイドラインの用語、「切り残し（つる）」は、本書の判読性を考慮して「ツル」と表記しています。

例：ツルの幅、追いヅル切り、など

1

チェーンソーを知ろう

チェーンソーの各部名称

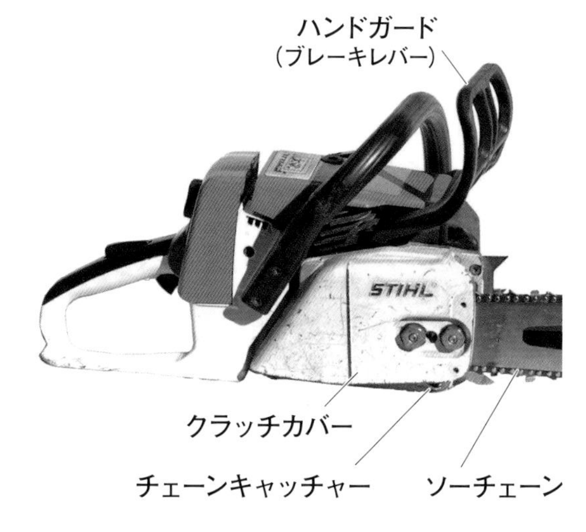

エンジン本体と前ハンドル、後ハンドル、ガイドバー、ソーチェーンの組み合わせでできています。

安全装置としてキックバックに伴うハンドガードおよびチェーンーブレーキ、チェーンがはずれたり、切れたときに作業者を保護するチェーンキャッチャー、スロットルの誤作動を防止するスロットルロックレバーなどがあります。また、防振機構・騒音対策もなされています。

スロットルロックレバーは、後ハンドルの背のところにあり、握ると解除になるように装着されています。これにテープを巻いて常に解除状態にしている人がいます。これは絶対にやらないこと。

またチェーンブレーキについても、どのような使用条件でも作動して安全確保できるわけではありません。仮に作動した場合でもチェーンが完全に止まるまでの時間差があるため、身体に当たった時の１／３回転、１／２回転でも大変な怪我になります。過信してはいけません（実際にそのような事故があります）。

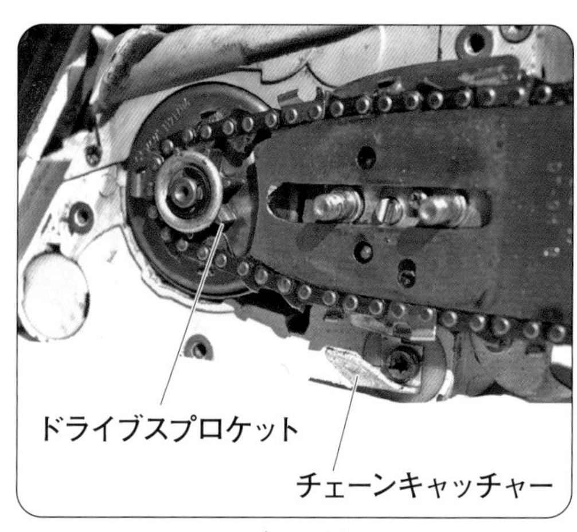

クラッチカバーを外したところ

チェーンソーの構造

チェーンソーのカバーをはずして、内部の仕組みを見てみましょう。使用後のメンテナンスや故障の原因を特定できます。

エンジンまわり

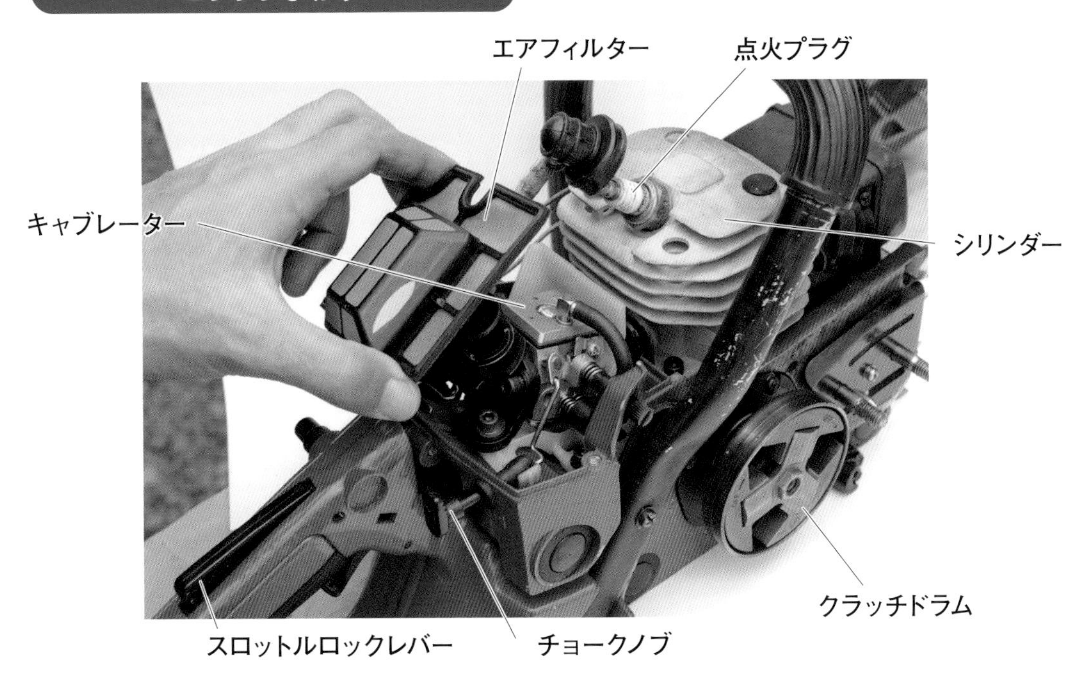

右側のクラッチカバーをはずした状態

左側のホイールカバーをはずした状態

エンジンの作動

スターターロープを引くことによってフライホイールが回転します。この初期回転を与えることでエンジンのピストンが動き、点火プラグの電気火花によりシリンダー内に入った混合気に点火、爆発してエンジンが回転を始めます。

点火プラグの火花を発生させる高圧電気は、フライホイールに取り付けられたマグネットとコイルによって起こされます。フライホイールとコイルはまさしく発電機です。したがって、スターターロープを素早く引かないと発電しづらいのでエンジンは始動しません。

ちなみにフライホイールは、①発電機のローター（回転子）の役割のほかに、②クランクシャフトの回転エネルギーを蓄えて次の爆発を起こさせると同時に③回転をスムーズにする役割、そして④取り付けられた羽根がシリンダーの冷却をする送風機の役割を果たすなど、４役を担っている大変重要な部品です。

こうして始動したエンジンはスロットルを引くことによりエンジン回転が上がり、一定の回転以上でクラッチドラムに連動してソーチェーンを回転させ、同時にオイルポンプも作動し、チェーンの潤滑を行っています。

フライホイールの４役

1. 点火プラグの火花を発生させる電気を起こす役割
2. クランクシャフトの回転エネルギーを蓄えて次の爆発を起こさせる役割
3. 回転をスムーズにする役割
4. シリンダーの冷却をする送風機の役割

フライホイールカバーを外したところ

チェーンソーの断面図

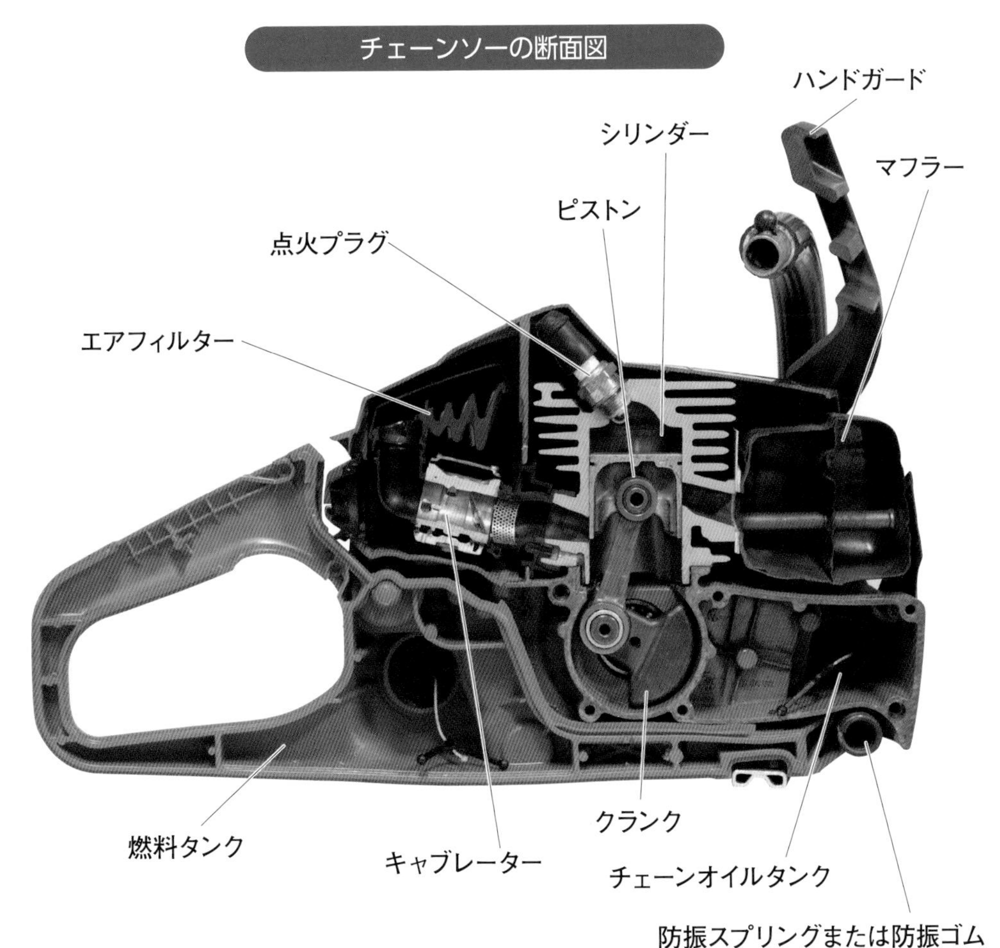

2サイクルエンジンの動き方

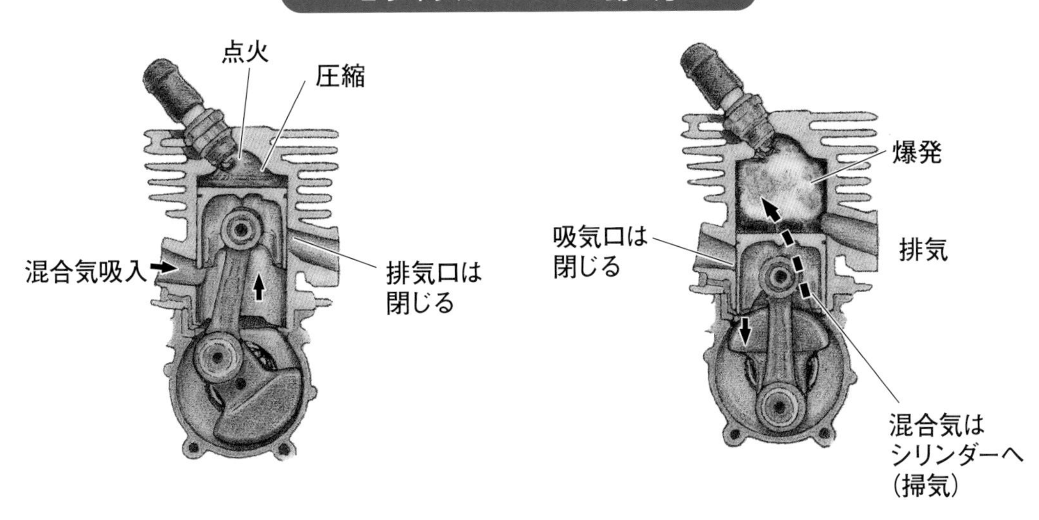

イラストp.11、12、13——鶴岡政明『イラスト図解 林業機械・道具と安全衛生』(全国林業改良普及協会)

ソーチェーンの構造

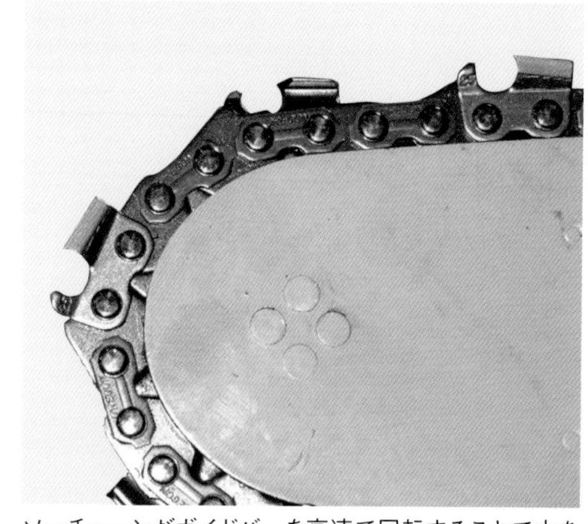
ソーチェーンがガイドバーを高速で回転することで木を切断します

3つのパーツで構成されたソーチェーン

チェーンソーはガイドバーの溝に沿って、ソーチェーンが秒速15～20mの高速で回転することで木を切断します。

ソーチェーンは3つのパーツから構成されています。

●**カッター**：刃の突起が右向きと左向きの２種類

●**ドライブリンク**（通称「足」）：駆動部の力を伝える

●**タイストラップ**（通称「つなぎ駒」）：リベットが付いていて、つなぎの役割。

これらのパーツが3列に並んでいます。両側はカッター1＋タイストラップ3の繰り返し、真ん中の列はドライブリンクだけが続きます。

さて、では木を豪快に切っている刃先はどこなのでしょうか。実は「カッター」の「トッププレート（上刃）」と「サイドプレート（横刃）」という部分です。その役割は、横を切り裂くナイフとカンナを使った溝切りに例えられます。横刃はナイフが溝の側面を切るように、上刃はカンナのように溝の底を削って切り進みます。

また、「カッター」には「デプスゲージ」があります。これは「カンナの台」に例えられます。カンナでは台からどの程度刃を出すかで切れ込み具合を調整します。チェーンソーも同じで、デプスゲージがなければ刃は木にくい込み過ぎて切り進めません。刃とデプスゲージとにちょうどよい差がないとスムーズに切り進めないのです。

左右それぞれのカッターの横刃はナイフのように溝の側面を切り、上刃はカンナのように溝の底を削っていきます。削る深さを決めるのはデプスゲージです

ソーチェーンの構造と名称

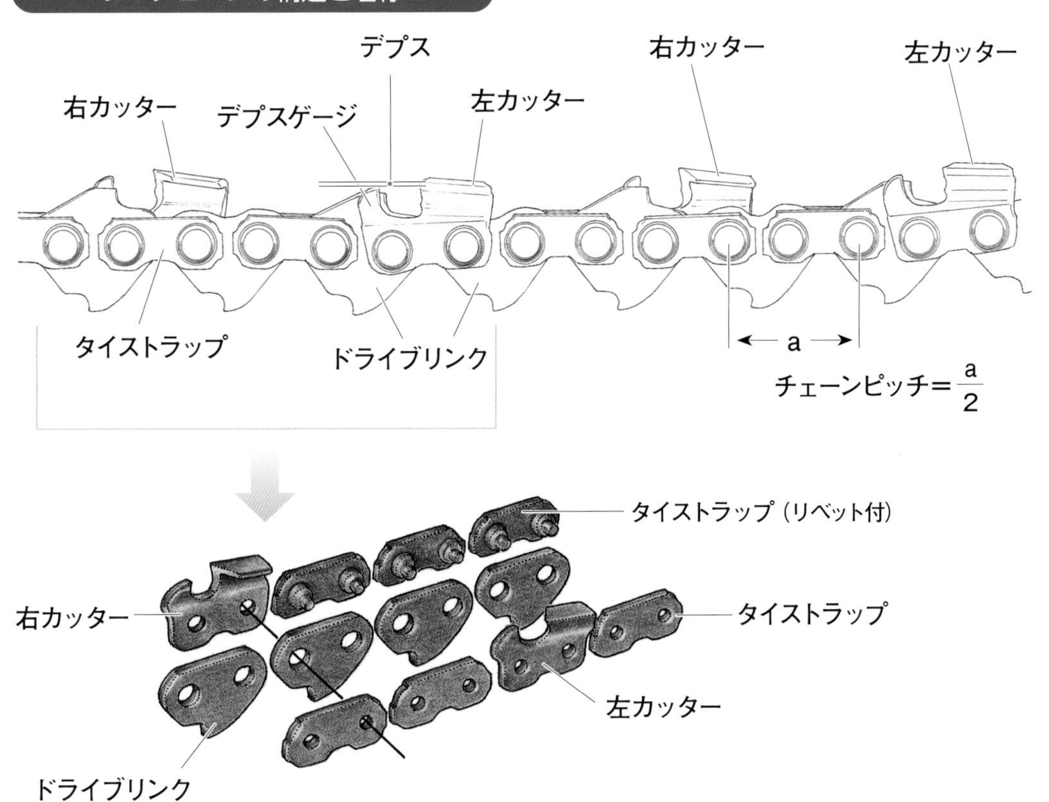

カッター各部の名称

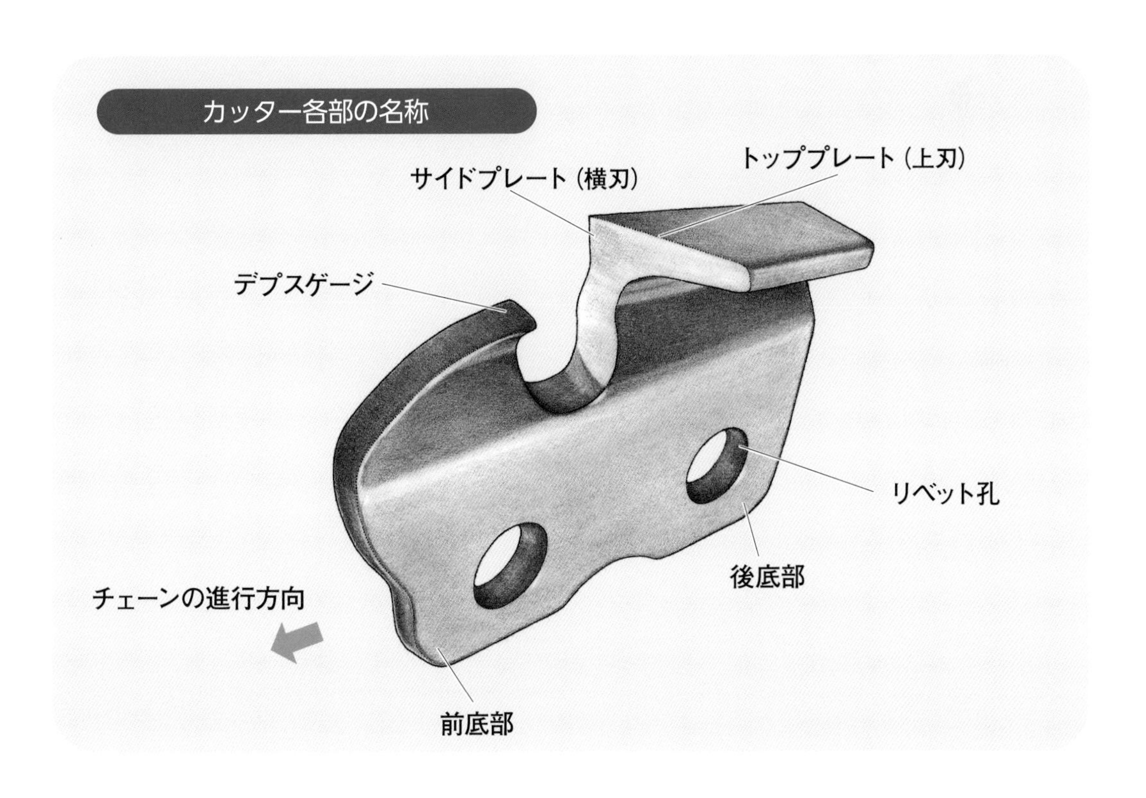

チェーンソーワークに適した服装・装備

チェーンソーワークの安全の第一歩は服装からです。作業しやすい服装を身につけましょう。基本は次のとおりです。

- ヘルメット・イヤマフ・バイザーは、頭部の保護、騒音の軽減、飛散する木片や跳ねた枝などから顔や眼を保護するための装備です。ヘルメットは、「保護帽の規格」に適合したものとします。
- 上衣は、刃物や危険な動植物などから皮膚を守るため、体に合った長袖とします。引っかかりを防止するため、袖締まりの良いものにしてください。
- 手袋は、防振・防寒機能があり滑べりにくく操作性の良いものを使用してください。
- チェーンソーパンツ※（チャップス）は、前面にソーチェーンによる損傷を防ぐ保護部材が入ったズボンです（チャップスは前掛け）。日本産業規格（JIS）T8125-2等の安全規格に適合するもの（または同等以上の性能を有するもの）を着用します。すでに刃が当たって繊維が引き出されたものなど、保護性能が低下しているものを使用してはいけません。
- チェーンソーブーツ（安全靴等）は、つま先、足の甲部、足首および下腿の前側半分に、ソーチェーンによる損傷を防ぐ保護部材が入っている（JIS等の安全基準に適合するもの、または同等以上の性能を有する）ものを着用します。

チェーンソーから身を守る

森林で作業を行う林業のプロの災害を調査したデータがあります。2016年、チェーンソーを起因物とする死傷者数の傷病部位別では、下肢の死傷災害が70％と多くなっています（厚生労働省資料）。下肢の事故が多いのは、チェーンソー、カマ、ナタなどの手持ち道具の使用が多いためと、滑ったり転倒した時に刃物などでケガをすることが多いためです。

チェーンソーでは丸太を切り離した後にそのまま勢いでチェーンソーが下肢に触れる危険があります（特に左足）。注意して作業を進めましょう。

チェーンソーワークに適した服装・装備の着用が、作業の安全を保証するものではありません。あくまでもしっかりしたチェーンソーワークを身につけることが安全作業の大前提になります。

※…「チェーンソーによる伐木等作業の安全に関するガイドライン」（厚生労働省／改正 令和2年1月31日）で、チェーンソーによる伐木作業等を行う者に対して、下肢の切創防止用保護衣の着用が義務づけられました。

2

チェーンソーの扱い方

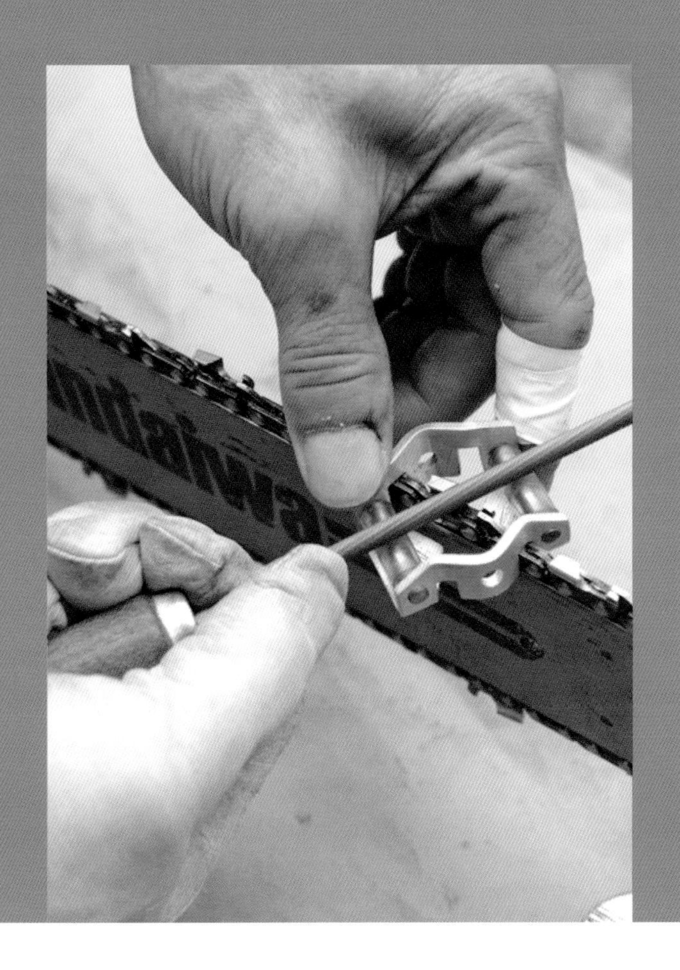

ソーチェーンの取り付け方

チェーン、ガイドバーをチェーンソー本体に装着します。ソーチェーンの「向き」に注意

ガイドバー(ハードノーズバー)へのソーチェーンの装着

ガイドバーにソーチェーンを装着するときに、どの程度の張り具合に調整したら良いかを記します。

ソーチェーンには「向き」があります。取り付けには十分注意してください。

①チェーン、ガイドバーをチェーンソー本体に装着します。
②カバーナットを軽く締めた状態で、ガイドバー先端を指で挟んで（チェーンに接触しないこと）持ち上げ、調整ネジを回して調整します。このとき、ガイドバー中央部下端に、ソーチェーンが軽く接触するか1mm程度開くように調整してください（ハードノーズバーの場合）。
③カバーナットを締めたとき、調整した状態のままであれば結構です。

再調整の方法

ところが、カバーナットを締める前にちょうどよくても、ナットを締めるとチェーンの張りが強くなることがよくあります。
④そのときはナットを緩め、もう一度張りを少し緩めに調整し直し、ナットを締めてください。
⑤調整が済んだら、手で回ることを確かめ、エンジンをスタートさせてチェーンを回してください（中速程度）。
⑥しばらく回転させ、チェーンが暖まった頃エンジンを切り、ガイドバー下端からチェーンがどれだけ下がっているか確かめます（チェーンが暖まると緩みます）。開きが2～4mm程度であれば結構です。
⑦開きが大き過ぎてドライブリンクの足先が見えるようでしたら、調整し直してください。チェーンが暖まった状態で調整する場合、開きを4mm程度で行います。

カバーナットを軽く締めた状態（写真）で、調整ネジを回して調整します

スプロケットノーズバーの場合
チェーンの張りの目安は、ガイドバー中央部でチェーンをつまんで強く持ち上げたとき、ドライブリンクの足が半分見える程度です

スプロケットタイプのガイドバーを使用する場合には、チェーンの張りを強くします。ソーチェーンを装着したチェーンソーを立てて、チェーンを上下に動かしてみます。スムーズに動くようであれば結構です

ガイドバー

チェーンソーのガイドバーの溝に沿って、ソーチェーンは回転します。ガイドバーは、ハードノーズバータイプとスプロケットタイプの２種類があります。

ハードノーズバータイプ

ステライトという硬度の高い金属を、最も摩擦抵抗が大きいバー先端部に使用し、摩耗を防止し、スムーズなチェーン回転を実現しようとしたものです

スプロケットノーズバー

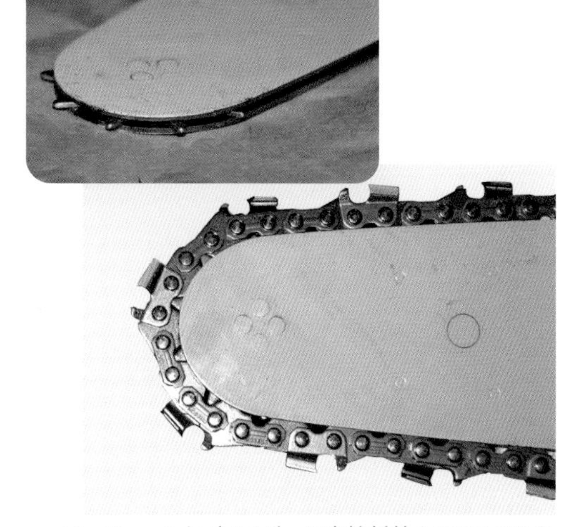

ソーチェーンとガイドバーの摩擦抵抗をできるだけなくそうとして、ベアリングを付けたチェーンギア（スプロケット）をガイドバー先端に取り付けたものがスプロケットノーズタイプです

チェーンオイルと燃料の入れ方

チェーンオイルを補給する
チェーンオイルがなくなると、チェーンやガイドバーが焼付きを起こすので、燃料とチェーンオイルの補給時にはチェーンオイルは常に満杯に、燃料は80～90%に抑えて行います

チェーンオイルがこぼれたら必ずウエス等で拭き取ります。汚れが溜まり、故障の原因ともなります

1 チェーンオイルのキャップを開け、オイルを補給

2 ガソリンキャップを開けて燃料補給

オイル補給手順を決めて行う

燃料とチェーンオイル

エンジンチェーンソーは2サイクルエンジンですので、その燃料はガソリンへ潤滑オイルを溶かし込んだもの（混合ガソリン）を用います。混合比はチェーンソーの取扱説明書を参照しながら混合してください。※

チェーンオイルは、ソーチェーンが回転するときにチェーンやガイドバーが焼付きを起こさないようにするための潤滑油です。チェーンオイルのない状態でチェーンソーを使用すると、チェーン、ガイドバーが焼付きを起こします。

これを避けるためにチェーンオイルの吐出量は、燃料がなくなっても5～10%残るように調節しておきます。また補給するとき、チェーンオイルは常に満杯に、燃料は80～90%（気温によってチェーンオイルの吐出量が変わるから）に抑えて行うようにします。

燃料・チェーンオイルを補給時の注意点

燃料、チェーンオイルを補給するときの初歩的なトラブルが、燃料、チェーンオイルをそれぞれ逆に補給してしまう間違いです。これは後が大変です。燃料タンクへチェーンオイルを注入して、そのままエンジンを始動し回ってしまうと（キャブレター内に燃料が残っているため）、オイルがパイプやキャブレターに吸入されて、整備に多大な時間がかかります。早く間違いに気がつけば、チェーンオイルを抜き取ってガソリンで洗浄します。

※ チェーンソーの取扱説明書には、混合比50：1とされていることが多い。混合する潤滑オイルには3つのグレード（FB、FC、FD／アルファベットがすすむほど高品質）があり、FDグレードであってもメーカーによって品質が異なる。筆者の経験から、安全のため混合比40：1を勧める。実際に、ハイオクタンガソリンにFDグレードの潤滑オイルを40:1で混ぜた混合ガソリンを販売しているメーカーもある。

チェーンソー始業時の点検

チェーンオイルが吐出するかの確認する
アクセルを握ってソーチェーンを回転させると、本体からオイルが吐出されて刃に付いていれば、バーの先端からオイルが遠心力で飛び散ります

安全かつ効率よく作業するためには、始業時に点検を行います。

まず、本体の汚れ（エアエレメント・シリンダーフィン……）、締め付けボルトの緩み、燃料とチェーンオイルの量、チェーンの目立てと張り具合、ガイドバーの変形と溝の詰まり、チェーンブレーキの作動確認のほかに、スムーズなスロットリングとスイッチの作動、始動装置のスターターロープの傷とロープの戻りと引き具合等を点検します。

上記の項目を点検した上でエンジンを始動させ（37頁）、暖機運転をしてからスロットル操作に俊敏に反応するエンジン調整ができているか、エンジン回転に伴うチェーンオイルの吐出量があるかを確認します。また、低速（アイドリング）でチェーンが回らないことを確認し、チェーンブレーキの再チェックを行い、さらに2～3分間の暖機運転を行います。

チェーンソー始業時の点検

エンジンをかける前の確認

- □本体の汚れ
- □ボルトの緩み
- □燃料とオイルの量
- □チェーンの目立てと張り具合
- □ガイドバーの変形と溝の詰まり
- □チェーンブレーキの作動確認
- □スターターロープの傷、戻りと引き具合

エンジンを始動して確認

- □2～3分間の暖機運転
- □アイドリングでチェーンが回らないこと
- □スムーズなスロットリング
- □スロットル操作に俊敏に反応するエンジン調整ができているか
- □エンジン回転に伴うチェーンオイルの吐出量があるか
- □チェーンブレーキの再チェック
- □2～3分間の暖機運転

メンテナンスの方法

チェーンソーのメンテナンスは、使用後にボディーをきれいに掃除することが基本です。

安全かつ効率よく作業するために、チェーンソーのメンテナンスをしっかりと行います

頻繁に使用する場合

木くずの付着、クリーナーの目詰まり等さまざまな汚れを毎日コンプレッサーのエアーを利用して掃除します。

２日に一度程度はチェーン、ガイドバーをはずし、チェーン、ドライブギアの傷み具合のチェックを行い、ガイドバーの溝掃除を行う必要があります。ガイドバーの溝が詰まっていると、チェーンオイルが適正に吐出しなくなることがあります。また、木くずの排出も悪くなります。

バーを取り外したときを利用して、レールの片減り・変形等を防ぐ目的で、バーをそのたびごとに裏返して使用してください。チェーンの亀裂、ドライブスプロケットの欠けを見つけたら新品と交換してください。ドライブスプロケットは、チェーン２～３本で交換するのが標準です。

油でべとつく部分には木くずやゴミなどが付きやすくなります。汚れが積み重なると、故障の原因となります。使用後はきれいに掃除します

長期間(２カ月以上)使用しない場合

外部の清掃・点検を行い、エンジンを１度始動運転させた後、燃料タンクの燃料を空にして再度始動させ、キャブレター内に残っている燃料を使い切り停止するまで運転させます。

その後、チョークレバーを引いても初爆しなくなるまで５回程度スターターロープを引き、始動を繰り返し、最後に圧縮位置（ピストン最上位）で止めます。その上で乾燥した冷暗な場所に保管します。

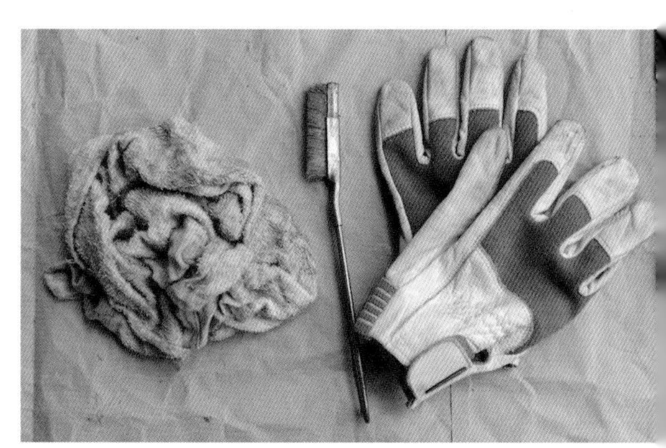

チェーンソーを掃除するために、最低限必要な用具。ウェス（ぼろ切れ）、ブラシ（柄がガソリンなどで溶けないものがよい）、手袋（ケガ予防のため）

ソーチェーンの目立ての基本

切れない刃で木を切ると、効率が悪く、身体は疲れ、危険で、燃料は余分にかかる……等々よいことは何もありません。

チェーンソーは動力によって駆動する鋸、すなわち刃物です。いかにエンジンが優れていても、刃が切れなければ木材の切断という目的を正確でスピーディーに達成することはできません。チェーンソーを安全に使用するための前提は、目立てであるといえます。目立てとは、丸ヤスリでソーチェーンの刃を研ぐことです。

安全な作業の前提、チェーンソーの命ともいうべきソーチェーンの目立てを、どのようにしたら、安全でシャープという目的どおりの切れ味にすることができるのかを表にしました。

ソーチェーン目立てのポイント

1.チェーンソーをしっかり固定します

2.全部の刃を目視

一番短いカッターを基準として目立てを始めます（刃長を揃えるため）

3.目立て角度

（ア）上刃目立て角度 30°～35°
（イ）横刃目立て角度 80°～85°
（ウ）上刃切削角度 55°～60°
（エ）ヤスリは水平に（チェーンソーが水平な場所に固定されていることが前提）。つまりガイドバーに直角であること

ヤスリを水平にし上刃目立て角度・横刃目立て角度が正しければ、上刃切削角度は決まります。
目立て角度・刃長はすべてのカッターで同じにします。
凍結した木・木の硬さなどにより、目立て角度を変えます。

4.デプスゲージ

刃が木に食い込む深さを調節する大事なものです（上刃とデプスゲージの間隔）。
デプスゲージを調整したら、必ず前側に丸みをつけます。

目立て
ソーチェーンの固定

カッターにヤスリを掛けるとき、掛ける度に動いたのでは正確な目立てはできません。ガイドバーを固定するバイスでしっかりと固定します。

また、チェーンソーをどのような状態の所に固定するかが重要です。たとえば、地面に置いて固定するのか、一定の高さの台のような物の上に固定するかどうかです。前者の場合は、ヤスリを掛けるとき身体を折り曲げたような体勢で行わなければなりません。これでは、極めて目立てを難しくします。

ではどのような位置が良いかというと、立ち姿勢でヤスリを持って肘を身体に引き付けたとき、肘と手の甲が一直線になりほぼ水平になるようにヤスリを持った時に、ヤスリとカッター位置の高さの差が5〜10㎝程度になるように固定します。この間隔にセットすると、実際に目立てを行う（上半身、腰から上を前後させて行う／24頁）時に、ヤスリとカッターがほぼ同じ高さとなります。

腰を下げ、膝を地面に着いた姿勢（チェーンソーを持って膝を地面に着いた時の姿勢）で目立てする時には、地面に直接チェーンソーを置いてはいけません。チェーンカッターがヤスリから5㎝程度下になる場所を探すか、プラスチックコンテナや丸太等を台にしてチェーンソーの高さを調整して、目立てを行う時の上半身の動きが立ち姿勢と同一になるようにセットします。

これで初めて目立てをする準備ができたといえます。

目立てでは、ソーチェーンの刃、ヤスリ、肘、手の甲が一直線になる高さにチェーンソーを固定します

バイスでしっかりとガイドバーを固定します

目立て用の台として、高さを変えることができる架台があると便利です。台が油で汚れないように、段ボール（写真は肥料袋）などを敷いて作業します

目立ての角度

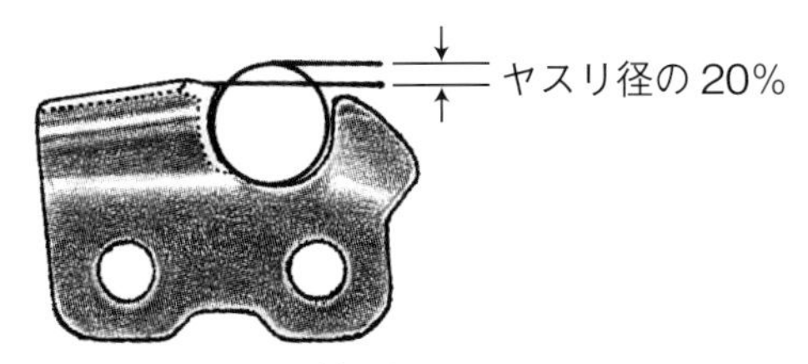

正しいヤスリの位置

目立てにはチェーンソーに合った大きさの丸ヤスリを使います（径4mmまたは径4.8mmのヤスリ)。チェーンソー購入時に付属品として付いているものが最適の大きさです。ヤスリは押すときだけ力を入れ、左右のカッターの大きさが変わらないよう、どのカッターも同じ回数だけかけます。

一番大切なのが角度です。上刃目立て角度、横刃目立て角度、上刃切削角度と３つの角度が決められています。この３カ所に１回の動作で同時に丸ヤスリが当たるようにして目立てを行います。

ヤスリを水平に使用し、上刃の角度（30～35°）を適正に保ち、上刃の最先端部から後端まで、丸ヤスリの上部がほぼ20％程度上に出た状態で均一に研げていれば、必然的に上刃切削角は決まります。右カッターの場合にはきちんと研がれていれば「削りバリ」が出ます。左カッターの場合には､ヤスリの目(旋回方向）の違いから、削りバリは出ません。

鋭く目立てされた刃

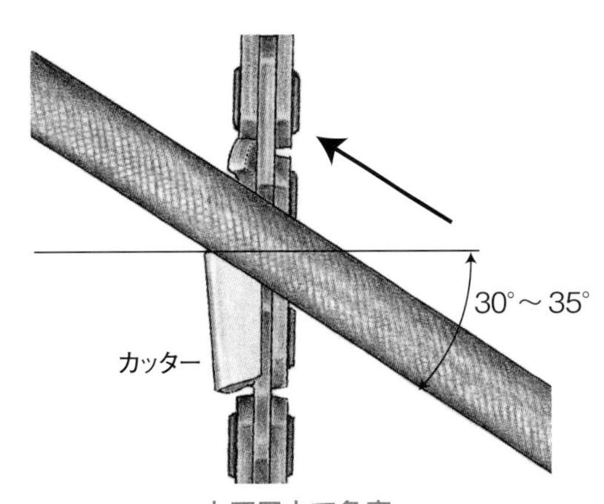

上刃目立て角度

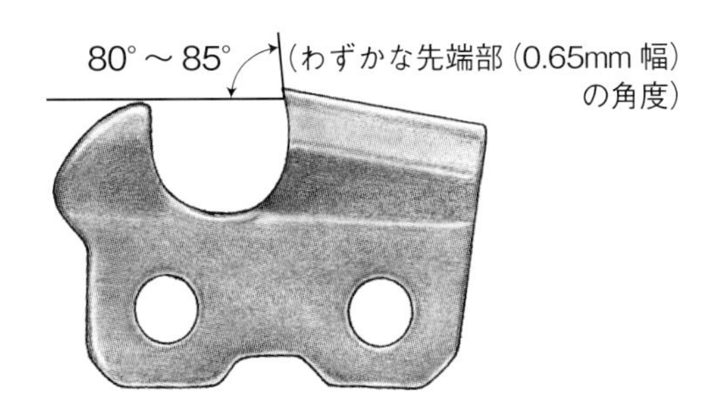

横刃目立ての角度

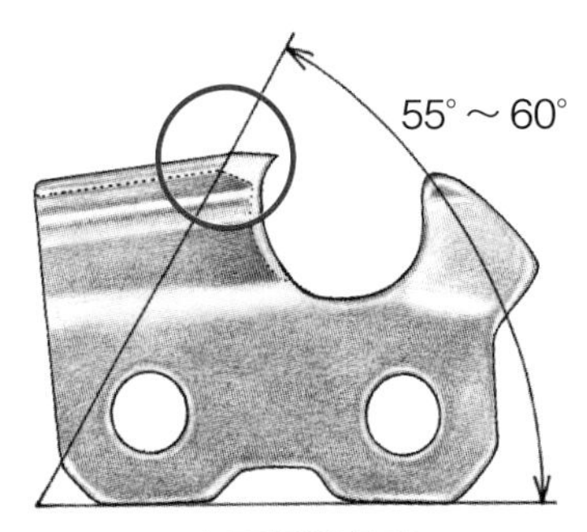

上刃切削角度

目立てのフォーム

良い目立てのフォームは、前後に足を開き、安定した上半身（腰から上）を前後に移動させます。右手を使用する場合は、上体を右斜めにひねり、左足を前へ、右足を後に、両足がほぼ同一線上に開いた形態とします。背筋を真っすぐ伸ばし、カッターを目視するのに無理なく前へ曲げた姿勢を常に保ちます

ソーチェーンのカッターの３つの角度（上刃目立て角度、横刃目立て角度、上刃切削角度）を1回の動作で同時に丸ヤスリが当たるようにして目立てするためには、ヤスリを持つフォームが重要です。脇を締めて肘、手、ヤスリが一直線に水平に送り出される必要があります。

悪い目立てのフォーム

目立ての角度ばかりに気をとられ手・腕・肘・脇・肩・腰の移動など、総じてベストフォーム崩れ、各部がバラバラになっています

ヤスリを持つ手の甲が上になり、手からヤスリへ真っすぐな動きが伝えにくいフォーム

良い目立てのフォーム

背筋を真っすぐ伸ばし、カッターを目視するのに首を無理なく前に曲げた姿勢。安定した状態が平行移動できるフォームです。前後に開いた足を結ぶ直線と上刃目立て角とを一致させます

目立て ヤスリの動き

ローラーでガイドされるので、ヤスリは上下方向にはぶれにくくなる

上刃目立て角度の方向にはぶれるので注意する

目立て中にケガをするのはほとんどが右手です。革手袋等で手を守ります。
刃を抑えていると左手人差し指が痛くなるので、あらかじめカットバンなどを巻いて保護します

目立ての補助器具・ローラーガイドを使った目立て

ソーチェーンの目立ては、チェーンソーの初心者にとっては、簡単ではありません。まずは正確な目立てフォームをつくり上げましょう。

左カッターとヤスリの関係

右カッター

左カッター

ヤスリを通じてカッターにかける力の配分のイメージ

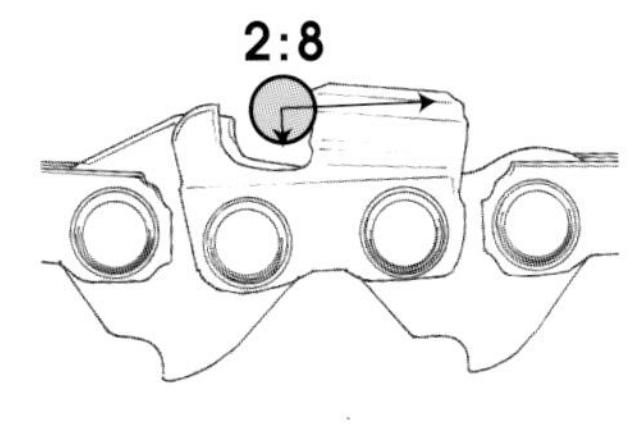

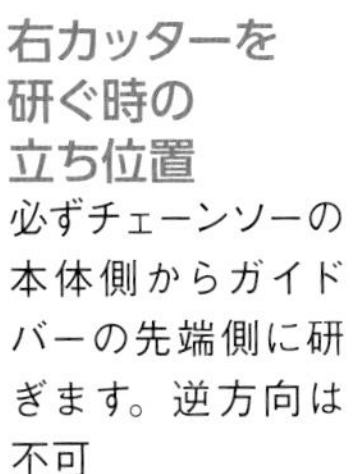

右カッターを研ぐ時の立ち位置

必ずチェーンソーの本体側からガイドバーの先端側に研ぎます。逆方向は不可

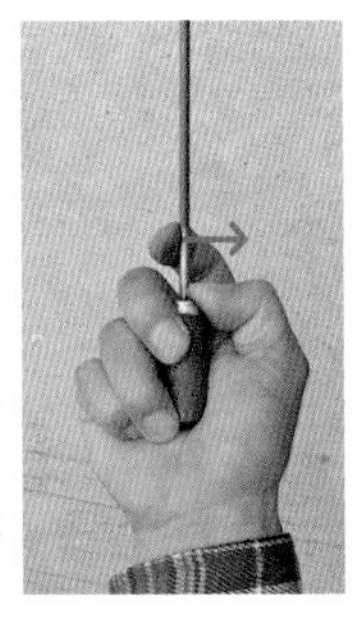

右カッターを研ぐとき、右手人差し指の指先をヤスリに引っかけるようにすると、カッターにかける力の配分イメージに近づく

左カッターを研ぐ時の立ち位置

必ずチェーンソーの本体側からガイドバーの先端側に研ぎます。逆方向は不可

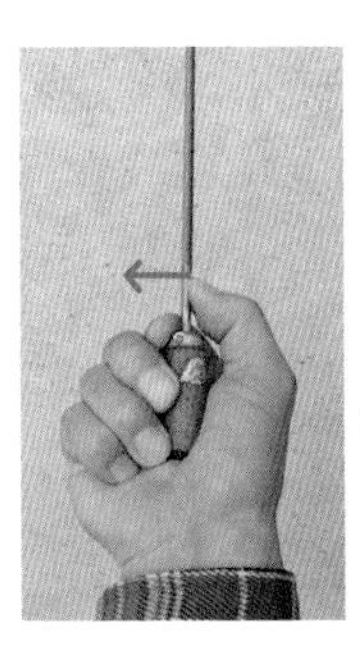

左カッターを研ぐとき、右手親指をヤスリの柄から前に出して、ヤスリの右横に位置させるとカッターにかける力の配分イメージに近づく

ソーチェーン カッターの修正

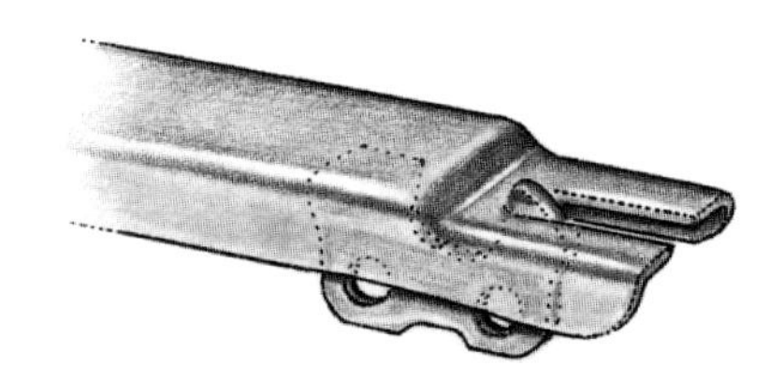

デプスゲージジョインターをあて、
デプスゲージの突起を調整する

カッターの悪い形－フック

図に示すような刃の状態をフックといいます。カッターがこの形になると、食い込みは非常に良くなりますが、ショックが大きく、エンジン等への負担も大変大きくなります。機械破損の原因にもなります。

この状態の刃は、目立ての際にヤスリを持っている手が水平よりも上方にあるからです。上方から下方に向けて研いでいるか、ヤスリが水平でも下に大きな力がかかっているからです。

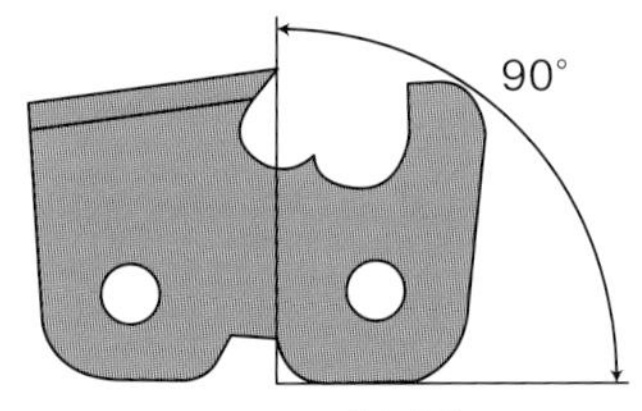

フック（症例）

フックの修正

あまり極端なものでなければ、正しいフォームで手元を水平より下げて上向きに数回研いでから、横刃の状態を確認して水平に戻し研ぎ直せば直ります

カッターの悪い形－バックスロープ

図が示すような刃の状態をバックスロープといいます。これは、①刃とヤスリの径が合わなくなった場合（刃は研いでいくうちに小さくなる）、②手元を水平より下げて研いでいるときにバックスロープとなってしまいます。①の場合、カッターの長さが半分程度になったら、ヤスリ径の小さいものを使用することで、適正な刃に目立てすることができます。

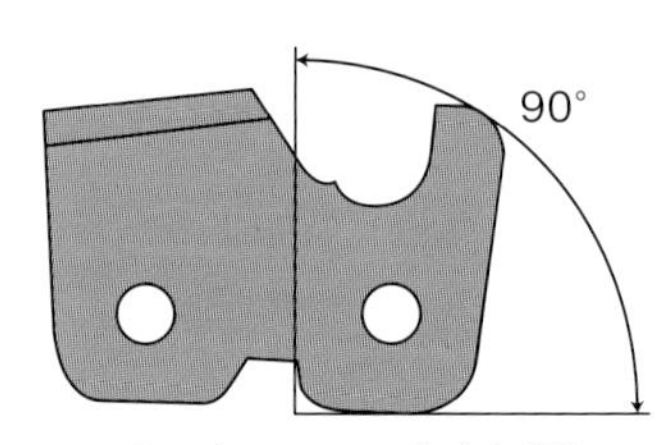

バックスロープ（症例）

バックスロープの修正

この場合手元を水平より上方に上げて、下方に向かって研いでください。刃の状態（特に横刃）をよく確認しながら行い、80 ～ 85° 近辺だと思ったら水平に戻して研いでください

3

チェーンソーワークの基本

基礎トレーニングの考え方

チェーンソーワークとは、人間工学に基づいたチェーンソー使用時の基本的フォームに始まり、チェーンソーの特性を理解し伐木・造材等におけるさまざまな使用において、安全に効率よく取り扱う方法全般にわたります。また、これらのトレーニングは、伐木造材のトレーニングを兼ねて行うことでより実践的なものとなります。

筆者がよく質問されるのは、何本くらい立木を伐ったら上手くなるのか、というものです。

伐り倒した本数による上手下手の基準などはありません。ただ「100本伐ったら上手くなる者もいるし、1,000本、1万本伐っても下手は下手という者もいる」と答えています。ここでいう「上手・下手」とは、「慣れている・慣れていない」という意味ではありません。ただ、木を伐り倒すということに慣れるということであれば、数多く伐り倒す方が良いことは確かです。しかし、この慣れということも重要事項には違いありませんが、それはあくまでもしっかりした理論・技術をマスターし、技能に磨きを掛けた慣れであるべきです。見よう見まねで覚えちらかし、出たとこ勝負の作業にただ慣れたのでは、悪い癖が身につくとともに、リスクに対する慣れ（リスクに対して鈍感）も同様に身につけやすくなり大変危険です。これは、やがて事故を呼び込む元にもなりかねません。

丸太を立木に見立てた伐木のトレーニング

実際に立木を対象とした作業を行い、問題点をトレーニングにフィードバックさせる繰り返しが上達を早める

伐木のトレーニングでは、条件がさまざまな立木を対象としたものではなく同一条件（必要に応じて変えられる）で、再現性のある方法を用います。このトレーニング法には、丸太の長さ1～1.5m程度、太さが10～25cm程度のものを用意し、利用します（61頁「丸太を利用した伐木のトレーニング」で紹介）。

姿勢とチェーンソー操作の問題点

チェーンソーを使用するときの姿勢を確認しましょう。

望ましくない姿勢、チェーンソー操作での問題点は、図のように6つに整理されます。

A、B、Cの姿勢は、チェーンソーに対する恐怖心から、逆に安全面がおろそかになっています。

D、E、Fの操作は、エンジンコントロール、アクセルコントロールのトレーニングが必要です。同時にチェーンソーは「刃物である」と認識することが必要です。

チェーンソー操作の問題点

チェーンソーに対する恐怖心

A チェーンソーを身体からできるだけ離し（危険意識から）腕のみで支える姿勢となっている。

B ほとんど身体の正面で使用し（両足が前後だけでなく左右に開く人もいる）、後部ハンドルが腹の位置にある。

C 上体を前屈みにしてバーの真上から覗き込む。

チェーンソー操作の間違い

D 切り込む前からエンジンをフル回転させ、切り込みを開始する。

E 切り終わる直前、切り終わりの後も、エンジンをフル回転させている。

F 一度切り終わった後、別の所を切る場合、その間エンジンをフル回転させたまま移る。

チェーンソーの持ち方

通常市販されているチェーンソーはすべて右利き用に作られています。したがって、前ハンドルは左手、後部ハンドルは右手で握り、右手でアクセル操作します。

前ハンドルを持つ場所によって、チェーンソーの傾きがどうなるかを意識しながら、ア、イ、ウの持ち方を練習してください。

前ハンドルを握る場所
握る位置によってチェーンソーの傾きが変ってきます。

前ハンドルは親指を回して握る。親指を回して握ることによって、キックバックに備えることもできる

左脇を締める。親指でトリガーを握る

チェーンソーの持ち方

ア

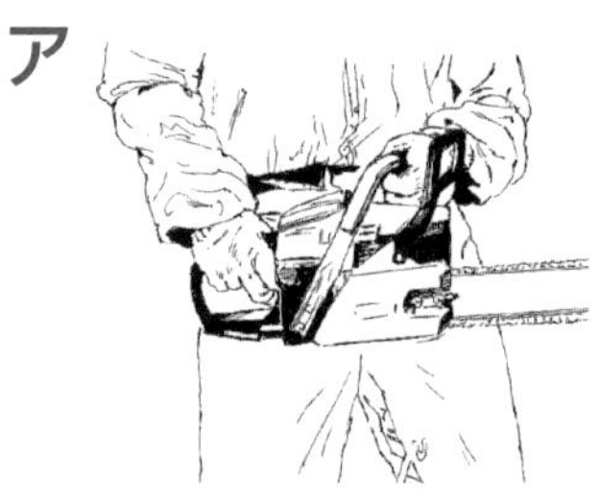

イ

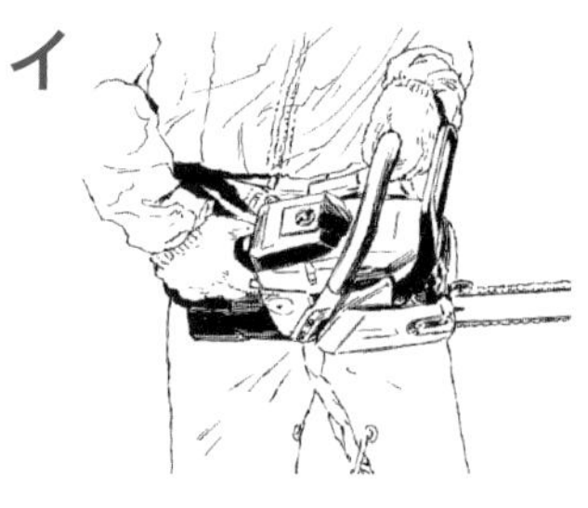

ウ

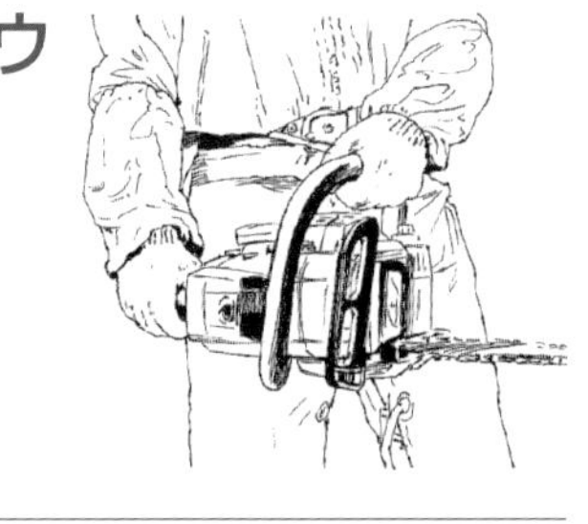

チェーンブレーキの作動・解除の方法

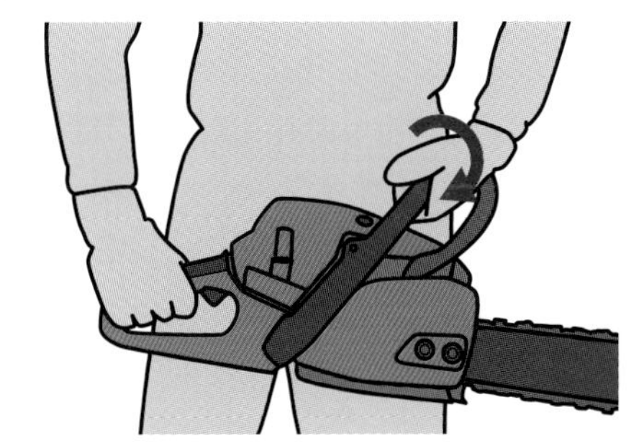

チェーンブレーキの作動。前ハンドルを持ったまま、左手の甲でレバーを倒し、チェーンブレーキをかけます

チェーンブレーキの解除。前ハンドルを持ったまま、左手を開いてレバーを引き、チェーンブレーキを解除します

チェーンブレーキは、ソーチェーンの回転を止める（回転させないようにする）安全機構です。チェーンブレーキは、ハンドガード（8頁／ブレーキレバー）を操作することで作動させることができます。

チェーンブレーキは、できる限り前ハンドルを持つ左手で操作します。作動させるには左手の手首を内側にひねるように動かし、手の甲を押し当ててレバーを倒します。解除時は左手親指を前ハンドルにかけたまま手を開き、ほかの指でレバーを引き戻します。このようにすることで、常に両手でチェーンソーを支えた状態を維持することができます。※

チェーンブレーキとエンジンの始動

チェーンソーの取扱説明書には、チェーンブレーキを作動させエンジンの始動を行うことと記されています（37頁／エンジンのかけ方）。PL法の関連で記さざるを得ないものと推察します。

チェーンブレーキの使用をことさらいうのは、始動の際にチョークを引いた時、自動的にハーフスロットルになる構造だからです。チェーンブレーキをかけなければ、エンジンが始動すると同時に、チェーンが高速で回転します。

では、始動後のチェーンが高速で回転しないようにするには、チェーンブレーキで防ぐのではなく、もう１つ方法があります。それは、初爆したあとチョークを戻す操作ではなくアクセルを強く引いた後、始動することです。アクセルトリガーを引けば、チョークおよびハーフスロットルが、自動的に解除され、始動と同時にチェーンが高速回転することはありません。

また、チェーンが高速で回った場合でも、しっかりホールドした状態のまま、アクセルトリガーを引けばハーフ状態が解除されます。

大事なことは、チェーンが高速で回転している時、手を持ち替えないことです。

チェーンソーの始動時のチェーンブレーキ操作については、足で後部ハンドルを固定した状態であればその状態で行い、股（足）に挟んで始動する場合も股から外さずに行います。始動直後、両手でチェーンソーを持ち変えてチェーンブレーキを操作すること自体に問題があります。

※「ガイドライン」には、「チェーンソーを携行し、移動する前には、チェーンブレーキをかけ、ソーチェーンの静止を確認すること。」と示されています。

基本姿勢1 横に置いた丸太を切る

チェーンソーが身体の右側、ほぼ腰骨近辺に後部ハンドルがくるように自然に構えます。チェーンソーは右利き用にできている道具ですから、立った姿勢では身体の正面で使用するのは不自然になります。右足を軸足にし、左足は前方に踏み出した姿勢をとります。

このような下半身の姿勢をとると上半身も斜め右向きになり、後部ハンドルが右腰骨に接触(腕は手首の後ろが右腰骨に接触)します。この体勢は、右腕・左腕の脇も身体に密着して脇が締まり、チェーンソーを支える腕の力をもっとも有効に働かせる姿勢となります。両脇が締まっているこの姿勢は、キックバックが起きても対処できる体勢となります。

この姿勢をとってガイドバーを見ると、右目からもガイドバー左側面が見えるはずです。これは、チェーンソーを使用する上で大変重要な意味を持っています。

左側面が見える位置に常に右目があれば、万が一チェーンソーが大きくキックバックして腕でその力を受けきれない場合でも、ガイドバーは、顔をかすめて右肩へ向かい、回転するチェーンが肩に当たる前にチェーンソーの本体が身体に当たり止まるか、仮に身体にチェーンソーが接触しても事故が軽減されます。

基本姿勢

自然に構えてガイドバーを見たところ

ガイドバー右側面が見える状態では、顔の中心がガイドバーの真上にあることになり、非常に危険です

トップハンドルチェーンソーの場合

基本姿勢

悪い例

チェーンソーが身体から離れ、腕だけで支えている

基本姿勢

丸太を横置きにして上からの切り下げ、下からの切り上げは最も基本的な切断方法です。

基本姿勢

基本姿勢－側面

中腰での基本姿勢

折り曲げた左膝近辺で左腕（肘）を支え、右腕は右大腿部に肘、膝近くに手首の後ろが付くように、チェーンソーを確実にホールドします。このように腕を両足（膝）に着けて支えることで、チェーンソーの安定という効果だけでなく、腰に掛かる負担を軽減できます。

中腰での基本姿勢

中腰での基本姿勢－側面

膝を着く基本姿勢

脇を締めて右腕を右腰骨に付けた「立ち姿勢」の形になり、左腕は中腰の時と同様にします。右膝を地面に着ける姿勢は、腰への負担・上体の姿勢・チェーンソーの保持等で、中腰姿勢よりもお勧めの姿勢です。

膝をつく基本姿勢

膝をつく基本姿勢－側面

基本姿勢2 立っている丸太を横挽きする

左手は前ハンドルのチェーンソー底部に近い部分を横から握る

右腕の脇を締める

後部ハンドルの後端が身体に接触するくらいに引きつける

立っている丸太を横挽きするフォームは、立っている木を倒すための基本姿勢となります。

安定してチェーンソーを使用するためには、後部ハンドルの後端が身体に接触するように引き付け、右腕の脇を締め左手は前ハンドルのチェーンソー底部に近い部分を横から握るように持ちます。左手で横から握るというのは、手の甲が横向きになると必然的に左脇が締まるからです。このように左手を使うことでガイドバー先端上部が木に触れると起こるキックバックにも十分対抗できます。

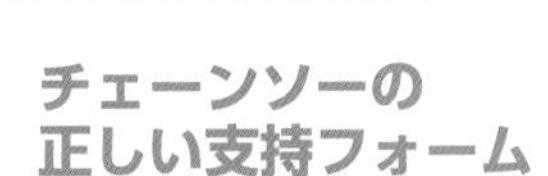

チェーンソーの正しい支持フォーム

後部ハンドルの後端を腰骨の位置まで引きつけ、体にチェーンソーを預けます

左手は前ハンドルをチェーンソー底部に近い部分を横から手の甲が立つように握ります。左脇が自然に閉まります。

チェーンソーの悪い支持フォーム

チェーンソーが体から離れ、脇が空き、両腕は締まりがなく、がら空き状態になっています。これは左手で前ハンドルを握る位置が、横にしたチェーンソーの真上になっているからです。こうするとチェーンソーを上から吊るす格好（バケツ持ち）になり、左脇が開き支持が不安定になります。その結果、水平の切り込みが安定し難くなります

チェーンソーの高さ別の支持フォーム

中腰姿勢

膝をつく姿勢

低い位置を伐る姿勢

チェーンソーの危険なポイント

キックバック危険ゾーン

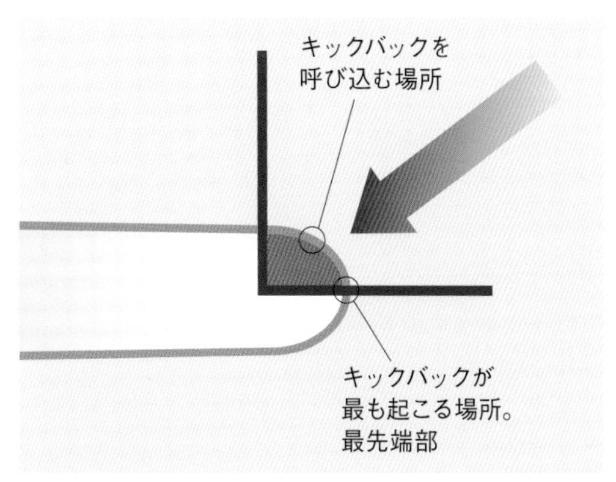

キックバックとは、その名称の示すとおり、チェーンソーが上方へ跳ね上がってくる現象です。キックバックは、ガイドバー先端上部1/4の部分が最初に木に触れると起こります。よく切れるチェーンソーほど激しく跳ねます。

この現象はソーチェーンのカッターが木に食い込むことによって止められるため、チェーンの回転力を逃がす方向、つまりチェーンの回転方向と逆の方向へガイドバーを動かすために起こる現象です。したがって回転を上げているほど大きく跳ね上がり、場合によっては人身事故を起こすことがあります。

チェーンソーの先端が丸太に触れ、キックバックが起こった瞬間

ハンドガードが左手で押し出されて、チェーンが止まりました。キックバックは写真のとおり、後部ハンドルを中心に回転します。前ハンドルを中心軸に回転しません。勘違いしている人が多くいます

チェーンソー
エンジンのかけ方

チェーンソーのスイッチ類は、各メーカーによってさまざまな形状をしています。たとえば、エンジンのオンオフのスイッチとチョークレバーが一体となったものもあれば、それが分かれて付いているものもあります。

メーカーの取扱説明書をよく読んで、エンジンを始動しましょう。

エンジンのオンオフスイッチと
チョークレバーが一体化しているチェーンソー

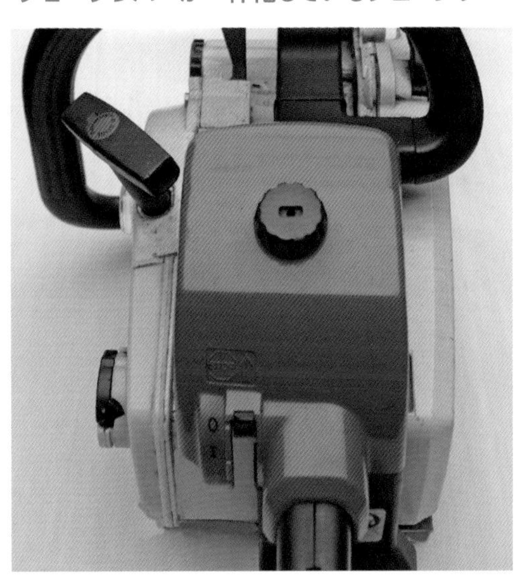

チョークレバー（黒）を引いたところ。
チョークレバーはキャブレターに直結しています

チェーンソーエンジンのかけ方（体勢）

チェーンソーのエンジン始動には、チェーンソーを地面に足で固定して行う方法と足で挟んで行う方法があります。しっかりチェーンソーを固定してスターターロープを引くことが基本です。チェーンソーをホールドせずに行う「落とし掛け」によるチェーンソー始動は避けるべきです。その危険性の１つは、「チェーンブレーキとエンジンの始動」（31頁）で述べたとおりです。

足に挟んで始動する場合*
図のように傾けると、スターターロープを引く方向が一直線になります

バックハンドルタイプのチェーンソーの始動

地面に足で固定して始動

① チェーンが障害物に接触しない安定した場所にチェーンソーを設置します
② 前ハンドルを左手で握り、上からしっかり押さえ、後部ハンドルの下部を右足で確実に踏み固定します
③ この状態のまま、右手でスターターロープを引いて始動します

ハンデイタイプ（上部ハンドルタイプ）のチェーンソーの始動

地面に固定して始動する場合

右足の膝でチェーンソー上部にあるハンドルを押さえ、右手でスターターロープを引いて始動します。または、右手で上部ハンドルを握り地面にしっかり押さえつけて左手でスターターロープを引いて始動します

足に挟んで始動する場合

後部ハンドルがないので、両大腿部で挟みにくいですが、チェーンソーを斜めに傾けることでチェーンソー本体後部を挟み込むことができます

＊ ガイドラインには、チェーンソーのエンジンを始動させるときは、原則としてチェーンソーを地面に置き、保持して行うことと記されています。

アクセルコントロールの方法

エンジンの回転を一定に保ちながら使用することは、正確な切断のためには大変重要です。つまり切断作業の途中でエンジン回転を頻繁に上下動させるようでは正確な切断ができません。

アクセルの握り方によって、エンジンのコントロールのしやすさが大きく変わってきます。写真を参考にしてください。

アクセルの操作方法は､指の腹(人差し指、親指）をアクセルトリガーの真横のハンドル本体に押しつけた状態にし、握るのではなく後方へ絞るように固定しながら操作します。このような握りで、エンジンの回転を一定に保つことができます。

人差し指でのコントロール例

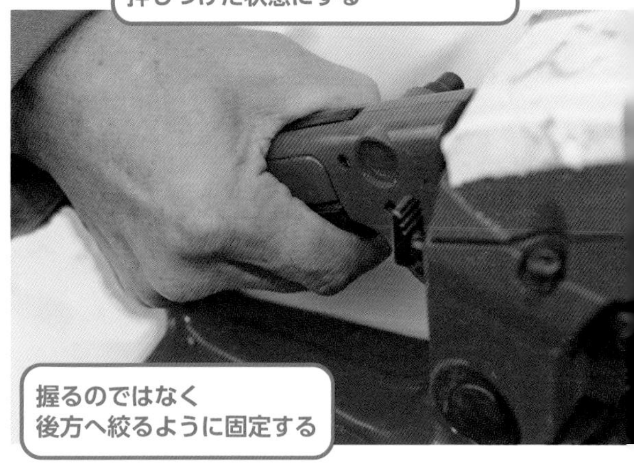

悪い例
アクセルトリガーをただ指先で握りしめることでは、細やかなアクセルコントロールができません。ちょうど車のアクセル操作を、床に踵を着けないで行っていることと同じ理屈です

親指でのコントロール例（46頁参照）

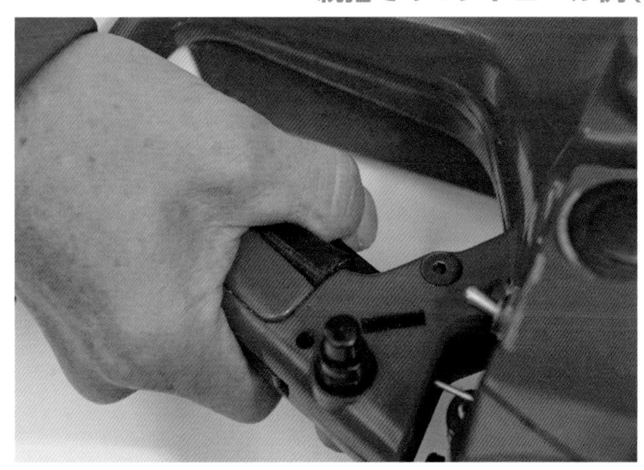

良い例

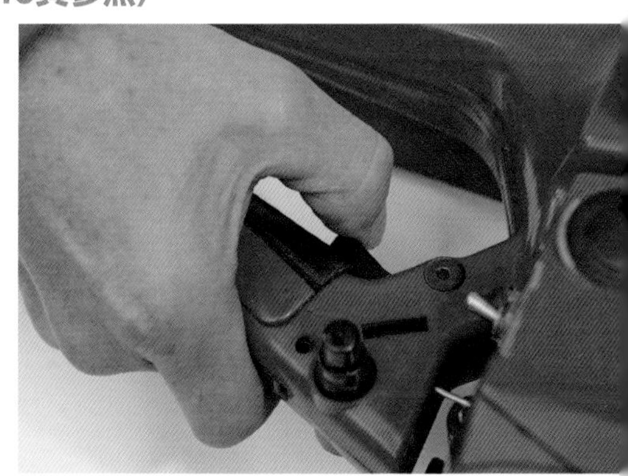

悪い例

4

チェーンソー操作のトレーニング

丸太の輪切りトレーニング

直径15～20cm、長さ2m程度の丸太を使い、正確に丸太を切断する方法をトレーニングします。

丸太を上から切り込む

上から丸太を切り込むときは、「切れ味の良い」チェーンソーならば大して力は要りません。実際に体験してみると未経験の人は身体が硬くなり力が入ってしまいます。多少経験のある人でも力を入れて押さえ付けようとします。切れないチェーンソーを使用しているとそのように操作してしまいますので注意が必要です。

また、チェーンソーを構え切断を進めているとき、ガイドバー上方に顔を位置させないこと（キックバックに対する事前の対策）、ガイドバーの先端はキックバックの危険があるので、使わないように注意が必要です。

丸太を切り進めた後、最も注意しなければならないのは、切り抜いた余力でそのまま地面を切らないようにすることです。また、切り抜いた勢いで、左足膝下を切る事故も起こります。防護パンツを着用しているから大丈夫と過信してはいけません。

力加減とアクセルワークを身につけましょう。

丸太を下から切り上げる

チェーンソーのガイドバーの上側を使って、丸太を下から切り上げて輪切りを行うことができます。このときは引き上げる力が必要となります。

□ 丸太を下から切り上げるには、左手で前ハンドルを持ち上げるだけではなく、後部ハンドルを下げ、前ハンドルを軸にテコの原理を利用すること

膝をつけて丸太を切る

丸太を上から切り込む

□ 丸太を切り抜いた後、余力で地面を切らないようにしっかりチェーンソーをホールドする

□ ガイドバー上方に顔を位置させない

□ ガイドバーの先端はキックバックの危険があるので使わない

丸太を下から切り上げる

□ 丸太を下から切り上げるには、引き上げる力が必要

□ 左手を固定し、後部ハンドルを下げ、前ハンドルを軸にしてガイドバー先端を上に上げる

玉切りの方法

玉切りとは、立木を伐採して枝を払い、一定の寸法に鋸断して丸太にすることを言います（鋸断した丸太を玉という）。丸太に対して直角に切断することがポイントです。

片持ち材

片持ち材（図）は、材の上側に引っ張りの力が働き、下側に圧縮する力が働いています。したがって下方からガイドバーを挟まれない程度に切り上げてから、上方から２～３cm中速程度で切り込んだ後、フルスロットルで一気に切り下げて丸太を玉切ります。これは、ゆっくり切っていると引き抜けや割れを起こしやすくなるからです。

【注意】チェーンソーを木に当てる前からフルスロットルにしては大変危険です。

片持ち材の力のかかり方

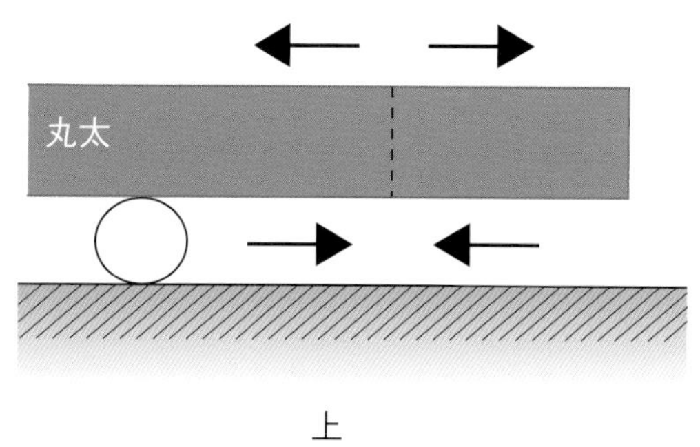

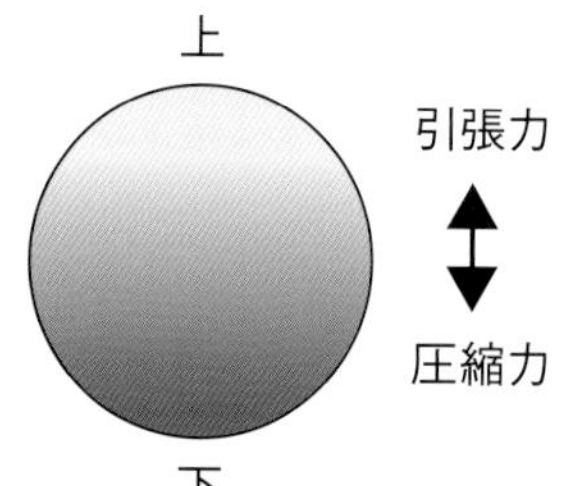

丸太を木口面から見た時の力のかかり具合

片持ち材の玉切りトレーニング

①下方からガイドバーを挟まれない程度に切り上げる

②上方から２～３cm、中速で切り込み
③フルスロットルで一気に切り下げる

両持ち材

両持ち材（図）は、材の上側に圧縮する力が働き、下側に引っ張りの力が働いています。したがって上方からガイドバーを挟まれない程度に切り込んでから、下方から切り上げて丸太を玉切ります。

両持ち材の力のかかり方

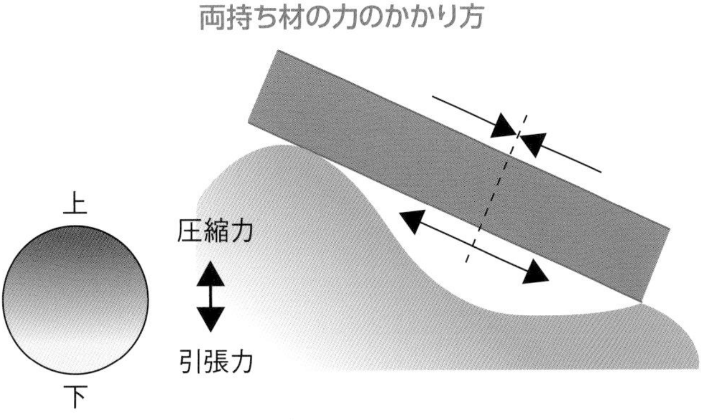

丸太を木口面から見た時の力のかかり具合

両持ち材の玉切りトレーニング

上方からガイドバーを挟まれない程度に切り込む

下方から切り上げて丸太を玉切る

両持ち状態になった丸太の玉切り

まず、上方からの切り込みを入れる

次に、下方から切り上げて玉切る。材（丸太）が向かって左傾斜のため、頭はチェーンソーに対して右外に位置する姿勢をとる。この時、前ハンドルの左手は、ガイドバーの上（左写真の○囲み部分）の位置で握る。キックバックを起こしてもチェーンソーは左肩方向へ跳ねる。

玉切りの基本

　丸太を正確に玉切るのは、そう簡単ではありません。丸太にガイドバーを合わせて、上下左右を目測した勘任せの玉切りでは、丸太はなかなか直角に切れてはくれません。直角に玉切るコツは、チェーンソーの構造的特性を上手く利用することです。チェーンソー本体を丸太の上に載せた状態は、チェーンソーと丸太がほぼ直角に近い状態になっています。

　玉切りの方法は次のとおり。

①まず、チェーンソー本体底部を丸太に載せ、ガイドバーが丸太に直角になるようにします（上下の直角）。チェーンソー底部を正確に材に載せることがポイントです。

②ガイドバーに対して垂直方向を示すマーカーがチェーンソーに付いている機種であれば、真上からチェーンソーを見て、マーカーと丸太が平行になるように合わせます（左右の直角）。

③チェーンソーが左右にぶれないようにして、チェーンが木に接触するまで自分の方へ引き寄せ、そのままチェーンを回転させて切り込みます。チェーンソーをしっかりホールドして、身体に密着させて行います。

　丸太からチェーンソーを離さないこと（いったん離すと、再びチェーンソーを当てたとき、必ず狂いが生じる）、チェーンソーを手前に引き寄せるときは素直に行うことがポイントです。

斜めになった材（丸太）にチェーンソーをセットした状態。チェーンソーの構造的特性を利用すれば、丸太を直角に玉切ることができます。材（丸太）が傾いている方向によって前ハンドルを持つ位置が変わり、上体の姿勢も変わります。42頁右下の写真の前ハンドルの握り位置と比べてみてください。

玉切りの実際

玉切りは片側から少し切り込み、反対側へガイドバーを移して切り離すのが一般的に行われている方法です。しかし、これは上下の切り込みをしっかり合わせないと、行き違いを起こして段違い（下駄状）になりやすい方法です。

上下の切り込みを上手く合わせる方法として、図のようにコの字型にしてから玉切る方法（通称：箱切り）があります。箱切りは、片持ち材、両持ち材を問わず上方から切りはじめると間違いがありません。片持ち材の場合、上方から深く切り込まないことに、特に注意します。下で切り込んで、上に戻って切り進めます。

一連の写真でチェーンソーを操作する姿勢にも注目してください。

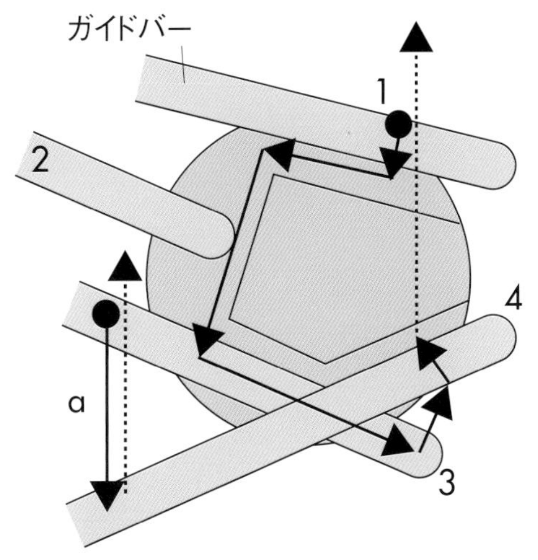

両持ち材の切り離し方。矢印a（手順3→4）がポイント

写真では両持ち材を切っていることを想定して、一連のチェーンソーの動きを再現します。
後部ハンドルの後端が身体に接する位置まで引き付ける（○囲み部分）

自分の方へチェーンソーを引き、バー先端下部を使って下側まで切り下げる

切り下げた銀道を利用して下から丸太を切り上げる

切り上げる時に手元のエンジン側を思い切って降ろし、先端を持ち上げるようにして切り抜く（テコの原理を利用する）。左脇を締め、右膝に接する位置にチェーンソー後部ハンドルを引き付ける（○囲み部分）

切り抜いた状態。このようにバーの先端を持ち上げることで、丸太にバーが挟まれることを防ぐことができます

水平切りのトレーニング

丸太を立てて、チェーンソーで水平に切り込み2～3cm厚に輪切りにします。

最初は表刃（バーの下側）で行い、次の段階として裏刃（バーの上側）でも行います。立てる丸太は、直径20～25cm×長さ1m程度のものを使用します。これは、底面を平らに切り、座りの良い状態にして、何の支えもなく、そのまま立てた状態で使用します。直径を20～25cm程度とするのは、これ以下のものでは安定が悪く、また太すぎても安定が良すぎてトレーニングに適さないからです。

支えなしで、立てた丸太を倒さないように切り進むことで、切り込む速度とエンジン出力（エンジン出力コントロール）とのバランス、アクセルコントロール（安定したエンジン回転の維持）、水平を保つためのチェーンソー支持フォーム等の基礎トレーニングができます。また丸太が支えられていないため、ソーチェーンの切れ味がシャープでなければ丸太は切れず、丸太は倒れてしまいます。目立てはバックスロープでもなくフックでもない、適正な角度でシャープな目立てが重要です。

このように、立てた丸太を立木に見立て、さまざまな想定をすることによって、チェーンソーを使用して行う伐木技術のほとんどのことがトレーニングできます。

親指でアクセル操作

チェーンソーを腰から下で水平に使用するときは、親指でアクセルを握ったほうが、右腕と脇が締まり、操作が楽になります。腰より高い位置ではアクセルは人差し指で操作します

アクセルコントロールは、親指の腹をアクセルトリガーの真横のハンドル部分に押しつけた状態で、握るのではなく、後方へ絞るように固定しながら操作します

突っ込み切りのトレーニング1

立木の径が大きく、突っ込み切りのスペースに余裕があれば、次の２つの方法で突っ込み切りができます。

１つ目は右図のように、バー先端の下側が常に木に接触するように、バーを向かって右側から左側に平行移動させ、目的のところまで来た時に前方へ送り出す方法です。

２つ目は右下図の方法で、チェーンソーの後部ハンドルを右の腰骨付近に接触させ、そこを軸に、バー先端を向かって右側から左に扇状に回転させて、目的のところまで来た時に前方へ送り出す方法です。

これらの方法は受け口の後方に余裕がある時や、受け口が向かって左側にある時はミスなく行うことができます。しかし、受け口が逆の右側にある時は、ツルとして残すべきところを切りやすいので注意しなければなりません。次頁で受け口が右側にある時の突っ込み切りの方法を紹介します。

突っ込み切りを上手にできるポイントは、最初の切り込みでキックバックをいかに起こさせないかです。

バーを平行移動させる突っ込み切り

①バー先端下側を常に木に接触させながら、バーを向かって右側から左側に平行移動させる
②目的のところまで来た時に前方へ送り出す

受け口

② ①

バーで先端を扇状に回転させる突っ込み切り

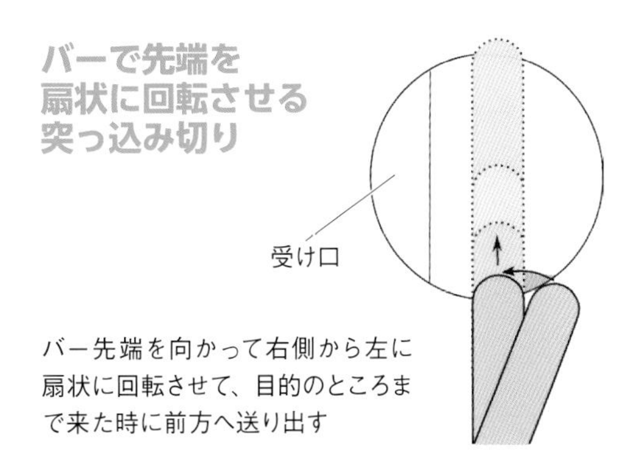

バー先端を向かって右側から左に扇状に回転させて、目的のところまで来た時に前方へ送り出す

突っ込み切りのトレーニング２

この頁で紹介する突っ込み切りの方法は、受け口が向かって右側にある時に有効です。

突っ込み切りは、必要以上に木のほかの部分を傷付けることのない、チェーンソーならではの優れた方法です。しかし、ガイドバー先端を使用するため、キックバック（35頁）の危険があります。キックバックを起こすガイドバーの先端上部１/４の部位を最初に木に接触させないようにチェーンソーを操作します。

また、ガイドバーが木の中へ入っている（突っ込んだ）状態であっても、先端上部を木に強く押し当てないように行い、ガイドバー下部方向へ（図の赤い点）引くように力をかけておくことがポイントです。ただし力をかけすぎて斜めに切り進めないように注意します。あくまでもガイドバー先端上部へ力がかからないようにしながら直進することが大切です。

真っすぐ押し込み始めたらエンジンはフルスロットルにして切り抜きます。切り抜けた瞬間にチェーンを止めないことがポイントです。チェーンが止まるとチェーンソーが抜けなくなることがあります。

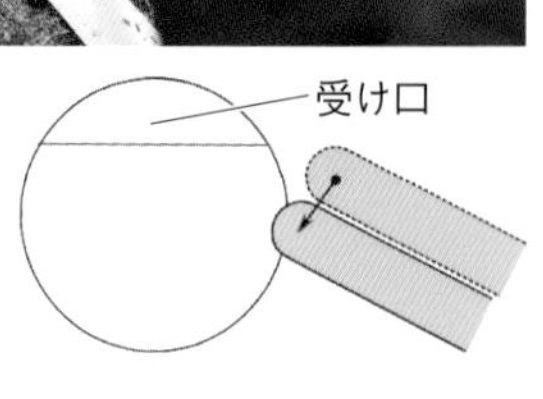

①最初に丸太に当てる部分はガイドバーの先端下部にします。図のように突っ込んでいく方同に対して、左に手元を持っていき、先端下部から切り込みます。
＜注意＞先端上部を当てるとキックバックが起こり危険！

②先端全体が木の中へ入っていくにつれて、突っ込み切りをしていく方向とガイドバーが一致するようにチェーンソーを横（右方向）に移動させます。

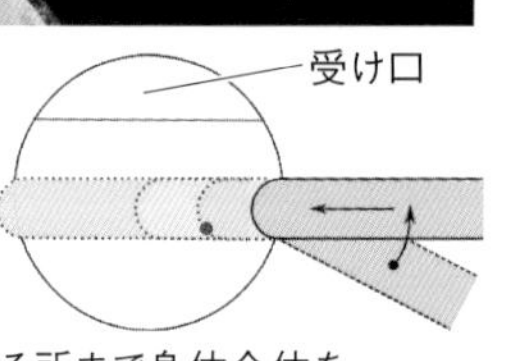

③このとき、腕だけでチェーンソーを操作するのではなく、常に右の腰骨付近にチェーンソーの後部ハンドルが位置するように保持し、突っ込んでいくガイドバーの方向が身体の正面にくる所まで身体全体を移動しながら行います。
④こうして方向転換ができた後は、腰骨に引き付けたチェーンソーを、身体全体の移動で前方へ推し進め（突っ込み）ます。こうすれば切り抜けた時、力が余って先端が飛び出すことがありません。

5

伐木のトレーニング

安全な伐木作業のために

この章では、チェーンソーで立木を倒す作業「伐木」の基本を紹介します。

トレーニングで身につけたチェーンソーワークを応用することで、チェーンソーで木を倒すことも可能になります。

伐木は木そのものの丈が高く、重量があることから、大変危険な作業です。胸高直径15cm（胸の高さでの太さ）で樹高が10m少々の立木であっても、人ひとりを死傷せしめるには十分な重量を持っています。

では、安全な伐木作業とはどのようなものでしょうか？ **安全な伐木作業とは、「作業者が、対象木を作業開始から、終了まで十分なコントロール下に置くこと」です。** 一方に「安全」なる何か（装置や道具、服装）があって、他方に技術があり、それを一体化させれば「安全な作業」が可能になるなどということではありません。自己管理技術を身につけ、リスク判断のできる作業者が、「安全な作業」を前提に組み上げた技術を応用実現するところに「安全な伐木作業」が成立するのです。技術を応用実現するためには、それに対応する技能をみがく必要があります。

チェーンソーで安全作業を行うためにはチェーンソーワークの正しい知識を身につけ、トレーニングをしっかり行うことが必要です。何事も基礎がしっかりしていなければ、能力を大きく伸ばすことはできません。

木を倒す伐木作業は大変危険な作業です。チェーンソーで安全作業を行うためにチェーンソーワークの正しい知識を身につけ、トレーニングをしっかり行いましょう

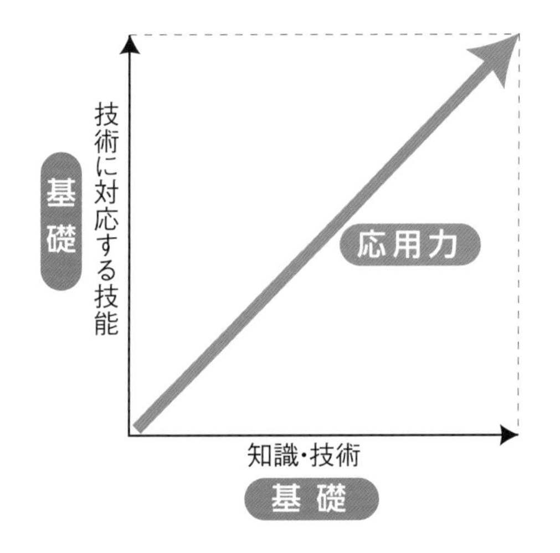

伐木前の準備作業

伐木の前には、次の準備作業が必要です。

伐倒木の周囲の確認

●小径木・草・笹・石など作業の支障となるものは取り除く。
●かかり木・隣接木との枝がらみ、落下の恐れのある枯れ枝、転倒の恐れのある枯損木等の把握と処理。
●伐倒のとき、接触して跳ね返る恐れのある木、折損して飛んでくる恐れのある枯損木は、状況により処理する。
●伐倒木およびその周りの木につる類が巻き付いている木は、どのように巻き付いているのか確認し検討・処理する。

足場・退避場所の確認

伐木を行うための大前提となる確認です。
●伐倒木の周りを固める（チェーンソーを扱う上で、作業しやすいように足場を水平につくる）。
●退避場所・退避進路の整理（退避の支障となるものの処理）。

草、笹などの作業に支障となるものを取り除く（写真は支障となるかん木を刈り払っているところ）

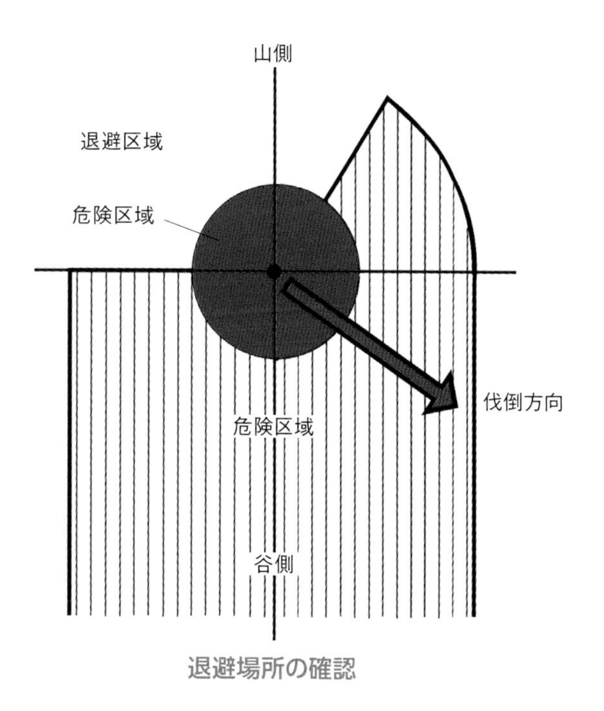

退避場所の確認

指差し安全確認

伐倒木の周囲の確認、足場・退避場所の確認が終了し、伐倒に取りかかる前にもう一度各々の準備作業の再確認である、指差し安全確認を行います（下図）。

人間にミスはつきものです。このミスとは、見落とし・忘却・誤認・錯覚等々さまざまな要因によります。こうした人間の属性をコントロールしてリスクを減らすために実施されているのが、「指差し確認」です。これはリスクの発生する要所要所を重点的に確認・再確認する方法で、上記属性にその根拠を置いたミスを減らす（リスクを減らす）自己管理技術です。

伐木作業は人間が直接かかわる作業ですので、この自己管理技術の導入が有効になります。

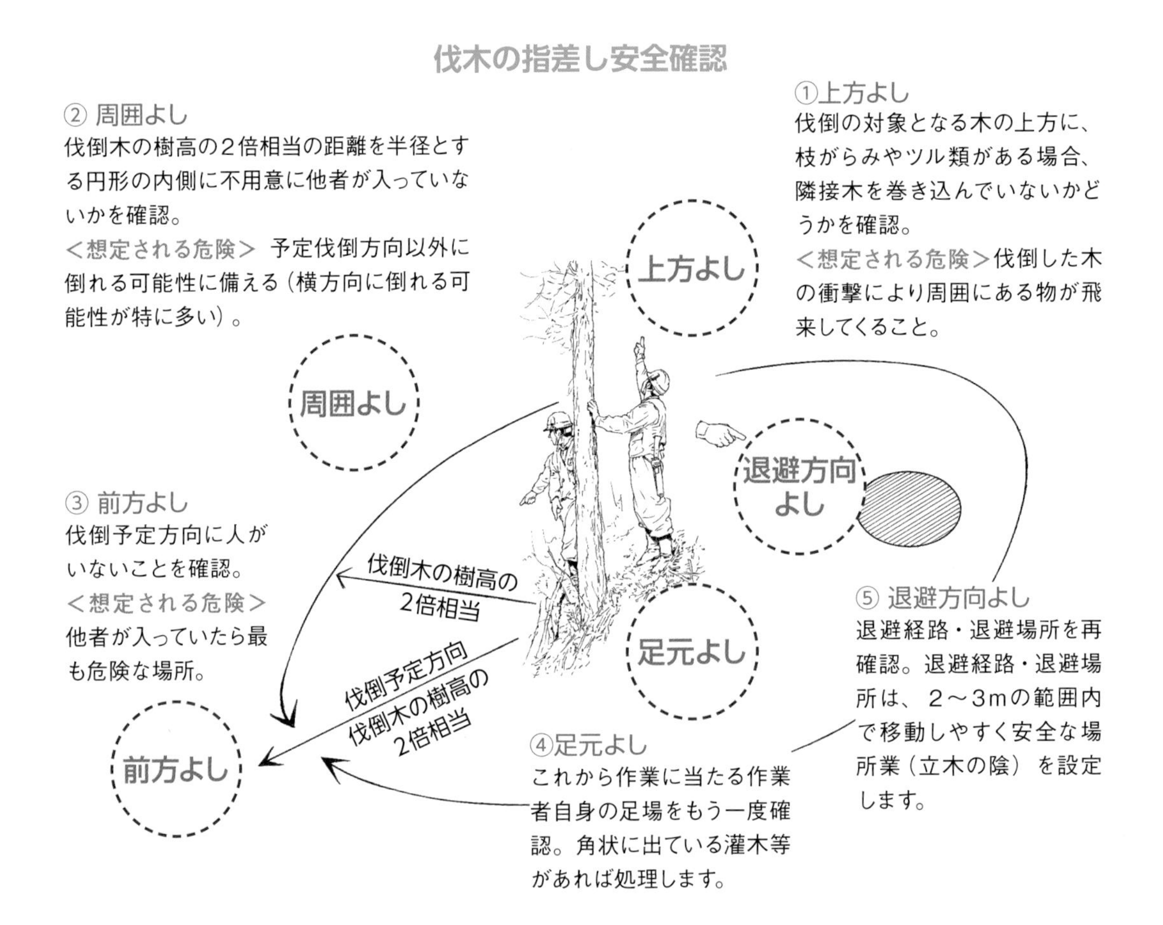

作業の進め方

山の作業は、1つひとつが、常に次の作業につながっています。いつも次の段取りを考えて作業を進めることが大切です。

とくに意識したいポイントを選び、図にしました。

作業の進め方のポイント

1 作業手順・人員の配置・特に注意が必要な場所の確認

パートナーとの事前打ち合わせ、安全確認とその方法等を明確にします。

2 同一斜面の上下での作業の禁止

上下作業は大変危険です。作業している下側（その逆もしかり）に入るということは、自ら事故を呼び込む行為です。決して行ってはいけません。

3 近接作業の禁止

作業中はパートナーとの安全距離（伐木ならば樹高の2.5倍）を常に確保します（1本の木に対して2人一組で作業する場合はこの限りではない）。

4 狭い沢（谷）での近接作業は危険

沢の向かい側の斜面で同時作業をしていると、相手に向かって確認しづらいため、大変危険です。

5 作業中の人に不用意に近づかない

作業者が急に振り向いたりしたときに、作業者の刃物でケガをする危険があります。ホイッスルなどであらかじめ合図を決めておきます。

6 転落・墜落・滑落の注意点

山の斜面では何かにつまずいても大きな事故につながる可能性があります。細心の注意が必要です。

伐木の補助器具

伐木のためには、チェーンソー以外に次のような器具が必要になります。

クサビ（矢）・ハンマー等

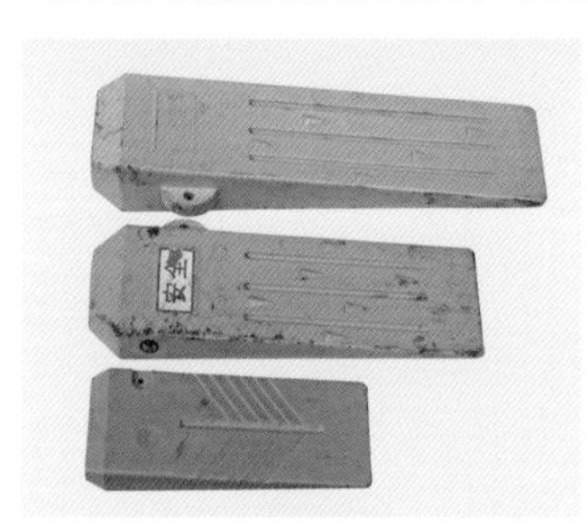

クサビは、伐倒の基本的補助器具です。チェーンソーが挟まれないようにするためにも使用します

ハンマーや斧の頭などで、クサビを叩いて打ち込みます。写真は鍬付きハンマー（ホーハンマー）。鍬を使って斜面に足場をつくることができる

木回し（フェリングレバー）

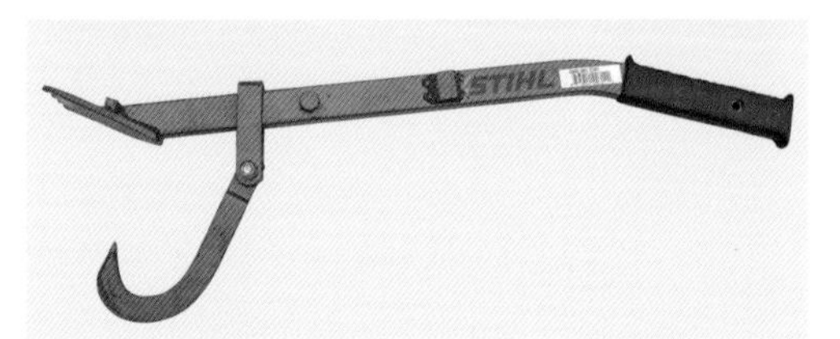

かかり木の処理に使います。また、小径木でクサビの使用が困難なときに、クサビの代わりに使うと有効です

スナッチブロック(滑車)・スリングロープ

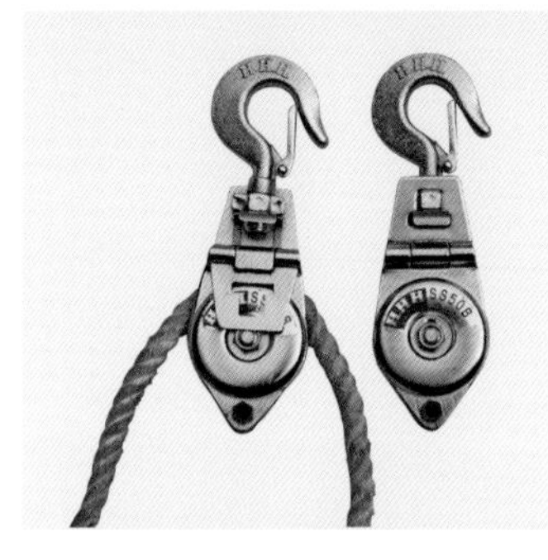

スナッチは、チルホール等を使用するときなどの力の方向を変えるとき、また動滑車として大きい力を発生させるときに使います

スリング（左）、ロープ（右）。スリングは、スナッチ、チルホールなどを据え付けるときに使います

チルホール

伐倒のとき、必要に応じて使用します。かかり木の処理に使います。直引きしないで、必ずスナッチ（滑車）等で力の方向を変えて使います

伐木の基本

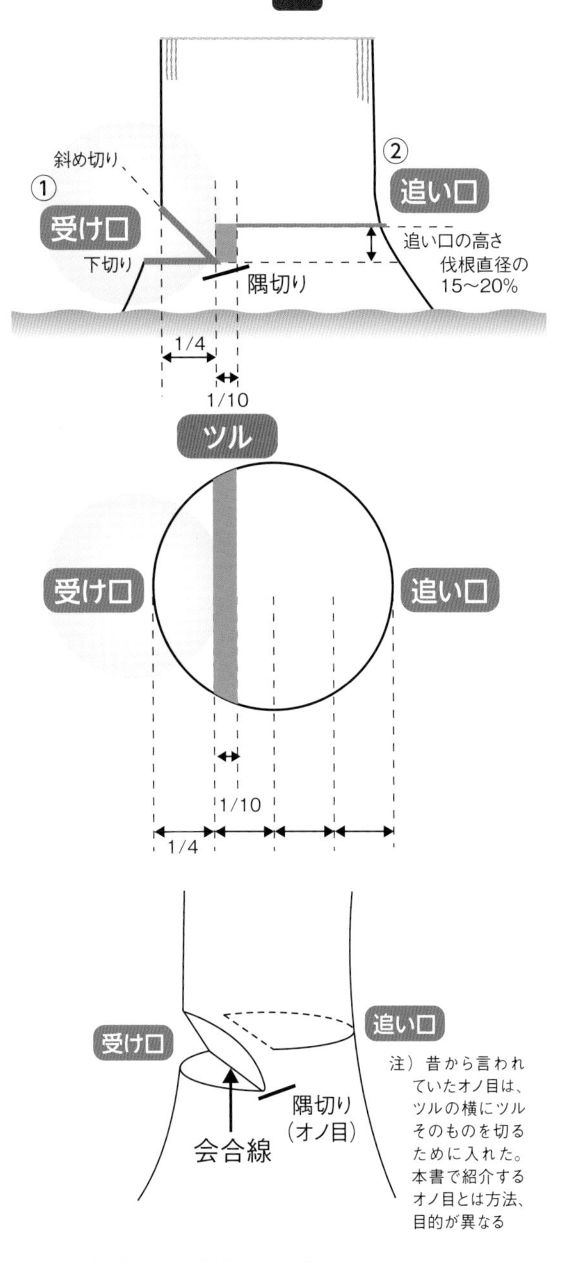

木を倒す場合には、倒したい方向側の幹に、①受け口をつくり、反対側から②追い口をつくり、クサビなどを打ち込んで倒します。

①受け口注意事項

- 受け口は追い口をどこにするのかおおよそ決めてからつくる。
- 受け口をつくる目的は、伐倒方向を確実にするためと、伐倒の際、材の裂け（割れ）を防ぐため。
- 受け口の深さは、標準として直径の1/4（25%）とする（受け口の深さは、伐根直径・樹種・樹形・地形・枝の張りぐあい・樹の傾き・伐倒方向等で異なり、なにがなんでも25%あるいは30%でなければならないということではありません。伐根直径が小さい場合には20%前後でも可能です。20〜30%の範囲で判断することです）※1。
- 大径木の場合は、直径の1/3以上でもよいこともある※2。
- 裂けやすい木は、直径の1/2くらいでもよい。
- 受け口の下切りは、樹心に向かって水平に切る（場合によっては斜め切りすることもある）。
- 受け口の斜め切りは、30°〜45°とする。ツルがしっかりしていれば、この角度により木はコントロールされた状態でツルを切りながら倒れます。
- 受け口の両端より下側に、隅切り（オノ目／材の引き裂け防止）をいれる。

②追い口注意事項

- 追い口の位置は、伐根直径の15〜20%をかけたものが、受け口の下切りからの追い口を決める高さ※3。
- ツルは伐根直径の1/10を目安として残す（あくまで目安。樹種により異なる）。

「ガイドライン」では※1〜3について次のように記しています。
※1…伐倒しようとする立木の胸高直径が20cm以上であるときは、伐根直径の1/4以上の深さの受け口を作ること。
※2…胸高直径が70cm以上の立木の場合は、伐根直径の1/3以上となるようにすること。
※3…追い口切りは、受け口の高さの下から2/3程度の位置とし、水平に切り込むこと。

伐倒方向と受け口づくり１

伐倒したい方向（伐倒ライン）に正確に倒すための方法を紹介します。

伐倒ラインの確認

①倒す木を背にして倒すべき方向を向いて立ってみます。倒したい方向（伐倒ライン）の上に切り株・立ち木・石等の目印になるものを決め、背にした立木の中心、特に根元から目線で前方の目印に向かってラインを定めます。

②そのライン上で、立ち木の根元１～２m程度のところにもう１つ目印を見つけます（そこへ棒でも立てておくとより分かりやすい）。遠くを見て行うよりも近くを見て行った方が間違いがありません。

チェーンソーでねらいを定める

伐倒ラインを設定したら、次にチェーンソーを使ってねらいを定めます。

写真では、根張りが受け口方向にあったため、より正確な作業をするために幹の表面に、伐倒方向に直角になるように平らな面をつくりました。

ねらいを定める
倒す木を背にして、伐倒ラインの上に目印を決める

①ガイドバー側面を幹に付け
②ガイドバーと伐倒ラインが直角になるようにチェーンソーを設定し、そのまま幹に平らな面をつくる（根張り切り）

目印をつける

①平らな面に受け口の下切り位置を決めてチェーンソー等で目印を付け
②次に受け口の斜め切りをはじめる位置に印を付ける。チェーンソーで１cm程度の深さに目印を刻むと、目印の線から斜め切りを始める時に、斜めにしたチェーンソーがずれにくくなる

伐倒方向と受け口づくり 2

受け口づくり

正確な受け口のつくり方

幹につけた平らな面に、受け口の下切りの位置、斜め切りの位置に目印を入れてから、先に説明（55頁）した要領で受け口をつくります。

こうして取りあえず受け口ができたら、前方に行って受け口を見ます。

受け口の会合線（55頁）と伐倒ラインが直角になっているかを確認し、合っていればOK、そうでなければ少しずつ修正して再確認します。

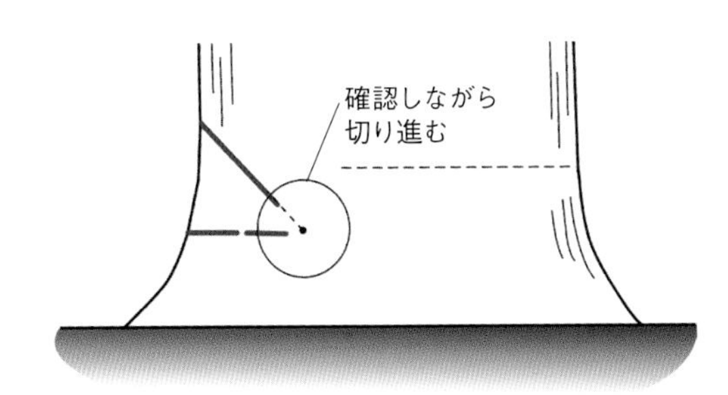

合理的で正確な受け口のつくり方
受け口は、十分に修正し直すことのできる深さ、高さで設定することがポイントです

伐倒方向の確認
受け口の位置に手を当て、そこから直角の方向に手を振り上げて、伐倒ラインと一致しているかを確認します。
一致していない場合には、受け口の向きを修正します。直角方向に手を振り上げる時、手を振り上げるよりも先に顔を上げて前方を見ないこと。これを行うと視線の方向に手が振れてしまいます。下を見た状態で手を振り上げ、振り上げ終わった後、顔を上げて目的とする伐倒方向と手の方向がずれていないかを確認します。
（右写真下）チェーンソーのガイドバー先端を受け口会合線へ直角に当て、伐倒ラインを見る方法もあります。この場合、ガイドバーの向いている方向が木の倒れて行く方向です

追い口切りとツル１

伐採点の目印を手がかりにしてチェーンソーで追い口を切り進める

早めにクサビを打ち込んでおく

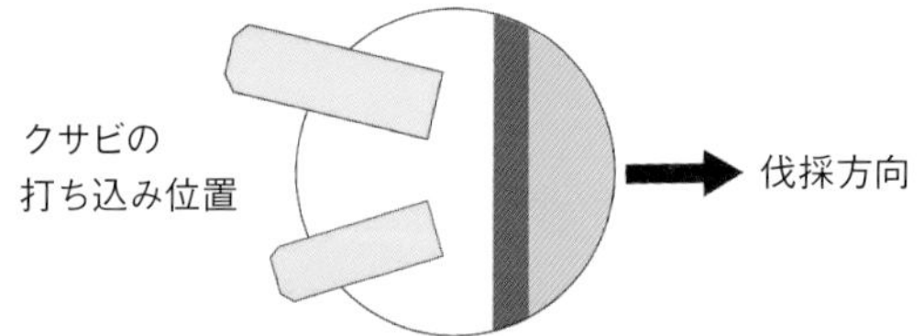

クサビの活用

追い口の高さ（伐採点）が決まったら、その位置へチェーンソーで軽く目印を付け、受け口下切りの位置と比較して確かめます。伐採点の位置が正しければ、目印を手がかりにしてチェーンソーで追い口を切り進めます。

木にガイドバーが入り、切断後方にクサビを軽く打ち込んでもチェーンに接触する恐れがなくなれば、早めにクサビを打ち込んでおきます。重心が後方（伐倒方向と反対）にかかっているような木の場合、特に早めにクサビの打ち込みを行っておかないと、ガイドバーが木に挟まれ苦労することになります。通常クサビは、大・中２本以上使用しますが、最初に打つクサビは小さい方で十分です。

クサビの目的は次の４点です。

①木の重みで鋸道が狭められ、チェーンソーが挟まれないようにすること（鋸道の確保）

②切り進めていった時、立木を安定させること

③立木の重心を移動させ、伐倒方向を確実にして倒すこと

④ツルの強度を計る道具（59頁本文参照）

追い口切りを鋸断最終位置まで進めたら、クサビを打ち込んで伐倒する。クサビによって、追い口の開きがわずかでも立木の先端部は大きく動き、立木の重心も大きく動く。この重心移動が、伐倒には重要

追い口切りとツル2

ツルの幅（切り残し）の決定は、木が軟らかくツルとしての強度が弱い場合は厚く、粘りがあって木が倒れる時に制動力が大きそうであれば薄くします。木の硬度、強度については、受け口、根張り等を切る時に、それらの感触を確かめながら行う必要があります。

ツルは、伐根直径の1/10 程度を一応の目安とします。しかし、チェーンソーを切り進むに当たり安全性を考慮するならば、目的とする切断最終点に向かって一気に切り進むのではなく、その手前で一時止め、クサビを打ち、ツルの強度を確かめながら行う必要があります。この時、ツル部分として切り残しをどの程度にするか、すなわち鋸断最終位置をどこにするか、切り過ぎを防ぐ事からも単純に『勘』だけに頼らず、あらかじめ木に目印を付けておくことも工夫の１つです。ツルの強度の微調整は、どのような切り方でも手鋸で慎重に行うことです（微調整をチェーンソーで行うのは禁物）。

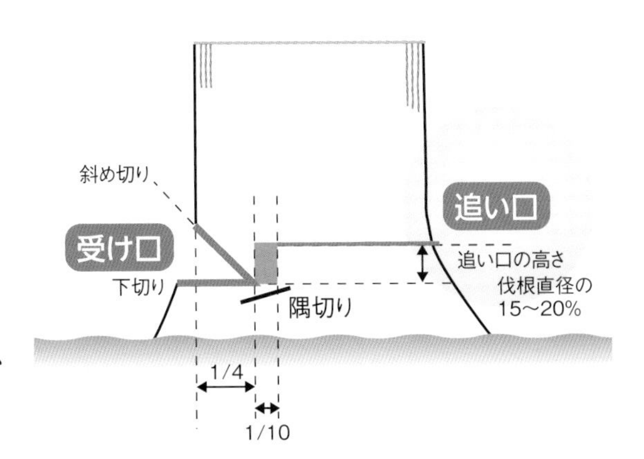

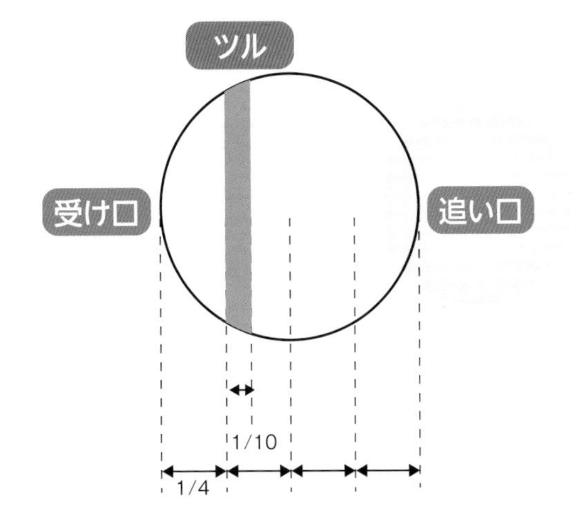

ツルの強度の微調整は手鋸で慎重に行う

木が倒れた後、必ず伐根を点検する。伐倒方向は予定どおりか、追い口の位置・切り込みはよいか、ツルの大きさはよいかなど、伐根に記された伐倒のすべての履歴から学ぶことは多い

追いヅル切り ー突っ込み切りの活用

チェーンソーの突っ込み切りを最大限に活用して行われる伐倒技術が「追いツル切り」です。

この伐倒方法の最大の特徴は、通常つくるツルのほかに、その反対側すなわち、伐倒方向の後方にもう１つの切り残し部分(下図の「追いヅル」)をつくることです。この方法は、後方にツルを残すことで伐倒のすべての準備が完了し、最後にこの切り残し（後方のツル)部分を切断するまで、立木が倒れる心配がありません。したがって作業者は、心理的にも余裕を持って作業でき、周囲の確認や余裕を持った退避行動を取れるという極めて安全性の高い方法です。

また、それゆえ正確にツルをつくることができます。その結果、伐倒方向が安定し、芯抜け・割れの防止にも大きく寄与します。

追いヅル切りの応用で三段切りがあります。対応する対象木は、極端な傾き木の処理です（ここでは説明を割愛します)。

突っ込み切りを行い、まず受け口側のツルをつくっているところ。受け口の反対側に切り残し部分があるため、立木が倒れる心配がない。そのため、受け口側からのぞき込んで刃先の位置を確認することもできる

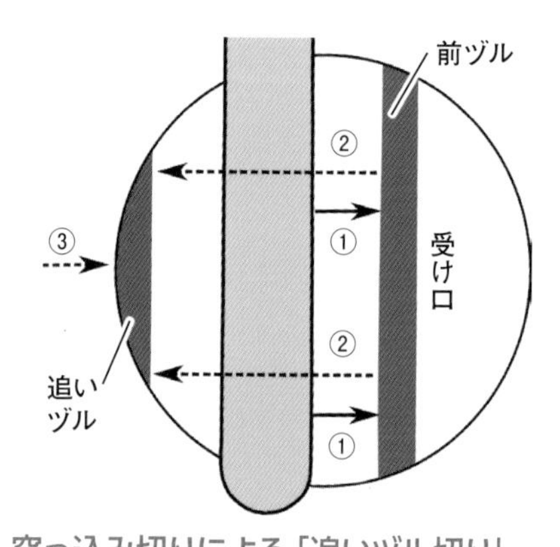

突っ込み切りによる「追いヅル切り」

①突っ込み切りを行い、まずツル（55頁／受け口側に切り残す部分：前ヅル）をつくり、②次にバーを受け口の反対側に移動させ追いヅル（別名：後ヅル／前ヅルに対応する）をつくる。③最後に追いヅルを切り離して伐倒する

丸太を利用した伐木のトレーニング

丸太は長さ1～1.5m程度、太さが10～25cm程度のものを用意します。この丸太を立木に見立てて、伐木のトレーニングを行います。

「なんだこれは、丸太切りか」と思われがちですが、工夫次第でチェーンソーワーク、伐木造材(玉切り)トレーニングのほとんどが可能になります。

このトレーニングでは、立木が実際に倒れるときの臨場感、危険性、緊張感等の体験は得られませんが、その代わり立木の伐倒をミスしたときのようなリスクはありません。またトレーニングによってミスや癖の修正を繰り返して行うことができます。こうしたトレーニングを行ったうえで実際に立木を対象とした作業を行い、そのときの問題点を、再びこのトレーニングにフィードバックさせるという繰り返しが上達を早めます。

上方よし
(指差し確認)

足下よし
(指差し確認)

前方よし
(指差し確認)

周囲よし
(指差し確認)

待避方向よし
(指差し確認)

伐倒作業開始合図
（笛）

追い口位置
（伐採点）確認

受け口下切り位置
確認

受け口下切り位置
を決め、ガイドバー
で伐採方向を確認

そのままチェーンソーを斜め切りの斜度に合わせ、
受け口の会合点（斜め切りと水平切りが合致する
点）を確認し、斜め切りを入れます

会合点を確認しながら、受け口の水平切りと斜め
切りを繰り返し、会合点を合わせ、受け口をつくり
ます

受け口の直角方向に腕を上げ、伐
倒方向を確認

ガイドバー先端を
受け口の会合線に
直角に当て、伐倒
方向を確認

受け口と伐倒方向にずれがあった場合には、修正
を加えます

受け口方向の確認
一伐倒方向よし
（指差し確認）

オノ目（材の元口の引き裂け予防）を入れます（赤のライン）。入れる場所は、ツルの下、受け口の水平切りの高さから入れる

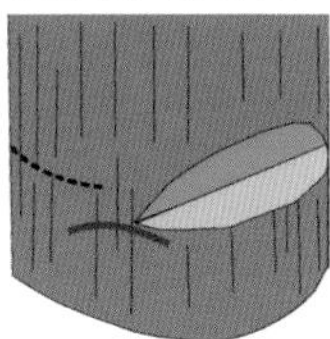

追い口位置を確認し、追い口切りを行います

鋸道の確保のため、早めに軽くクサビを打ち込みます

追い口を切り込み、ツルを適正につくります

伐倒本合図（笛）

クサビを打ち込み伐倒します

伐倒木の安定状態を確認一伐倒終了合図（笛）

ロープワーク ─木の固定

ロープの結び方

伐木の際にロープを使って伐倒方向へ導いたり、倒したくない方向へのリスクを減らすときにもロープが使われます。

ここでは代表的な結び方について、紹介しましょう。

舫い結び

この結び方は「舫（もやい）」という呼び名の通り、船をつなぎ留めるとき使用される結び方です。この結び方の特徴は、一定の長さを環にして結んだ後、ロープに力がかかってもその環が締まらないというところにあります。

したがって締まってしまうと都合の悪いときに便利な結び方です。

引き解き結び

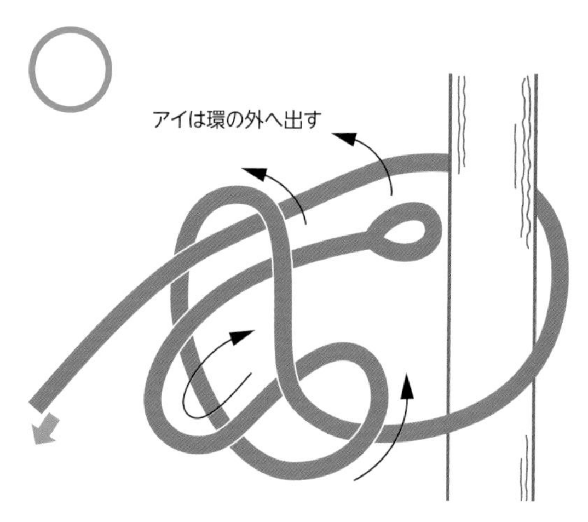

この結び方は、ネクタイのプレーンノットという簡単な結び方と同じですが、ロープを引くと環が締まってしまい、そのままロープの端を通したのでは後で解くのに大変ですから、結び目を蝶結びにして解きやすくしておきます。

環を引き締めるとき、ロープの端が環の内側へ入らないようにしてロープの端は十分な長さを取っておきます。

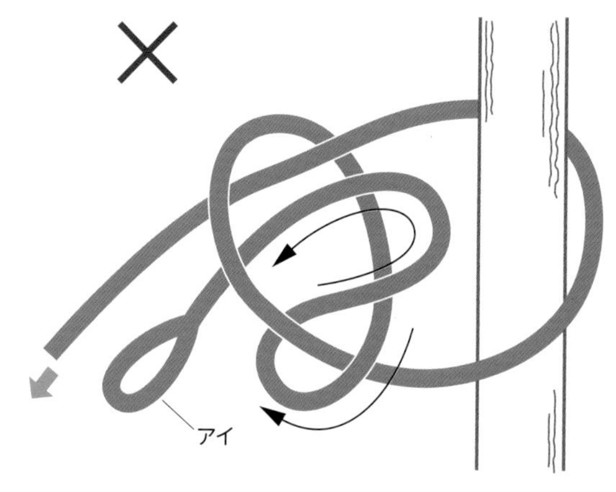

引き解き結びの悪い例

ロープの端を環の内側を通し、蝶の部分を幹の側に、ロープの端を幹と反対向きにした場合、結びの引き解きはできても、ロープを引いて外そうとしても、締められたロープの環の内側にロープが入っているため、一層そのロープが締められて簡単にはずれてこなくなります。

このように形は同じでも、方向を間違えると後で苦労することになります。

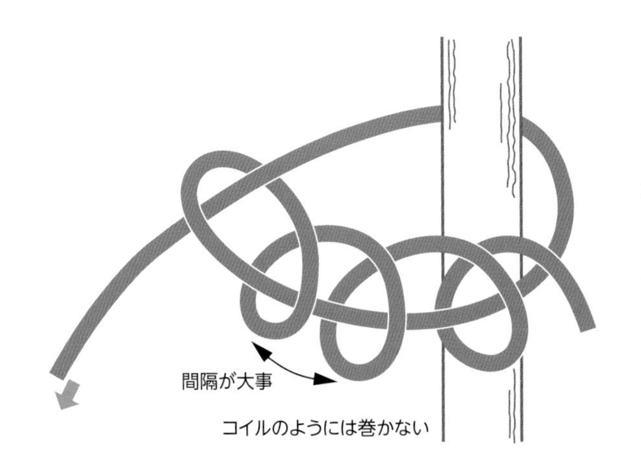

材木結び（巻き込み結び）

立木ばかりでなく丸太を引くときなど、ロープを簡単に取り付けることができ、作業現場では便利なロープワークです。結び目をつくるのではなく、木に回したロープにロープの端を巻き込んでおくだけという簡単さが特徴です。

巻き込む回数は、ロープの太さ・巻き付ける対象にもよりますが、およそ3～5回巻き込まれていれば、引き締まったとき、ロープと木との間でロープが強力に押さえ付けられているため、簡単に解けることはありません。

ただし、巻き込むとき、狭い範囲にきっちりコイルのように巻き付けないで、ロープが無理なく巻ける間隔にすることが大事です。

ロープの固定と解放

たとえば、伐倒対象の木が倒れないように後方へ引いているロープの固定は、強く引いた状態で緩みがなく、しっかりしていて、なおかつ解き放しやすい結び方が大切です。

ロープの端でも途中でも、簡単にロープを固定でき、かつ解き放しやすい方法を紹介しましょう。

梃子(てこ)結び

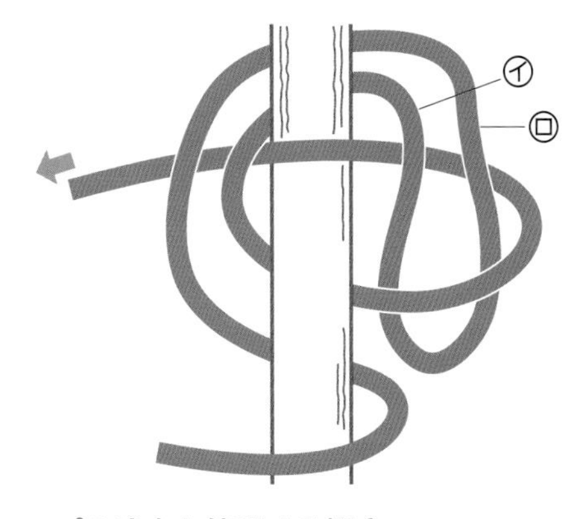

ロープの端を使用したとき

ロープを木に巻き付け、後に回したロープを左手前に出し、力がかかって引かれるロープを下側から上側へ越し、木の後を回して、右側の環に引かれるロープをもう一度上側から越し、下側から端を二つ折りにして差し込んで蝶結びに引き締めます。

ロープの途中を使用する場合

ロープの途中から行う場合ですが、この場合でも梃子結びは大変行いやすい方法です。木に巻き付けると複雑な感じがしますが、図中イのロープすなわち、引かれていく側のロープを常に持ち、図中ロの余分なロープと混同しないようにして、右側の環にした部分に前記の方法で、イ･ロが蝶になった状態のまま通して引き締めます。

この場合すでに蝶結びの状態になっているので、あらためて蝶結びをつくる必要がありません。

また、このときロをイと同じようにきっちり引き締めないで多少余裕を持たせておくと、後で引き解きやすくなります。

簡単なトラブルシューティング

ガソリンエンジンの３要素は「良い火花」、「良い燃料」、「良い圧縮」です。
これを頭においてチェーンソーのトラブルに対処しましょう。

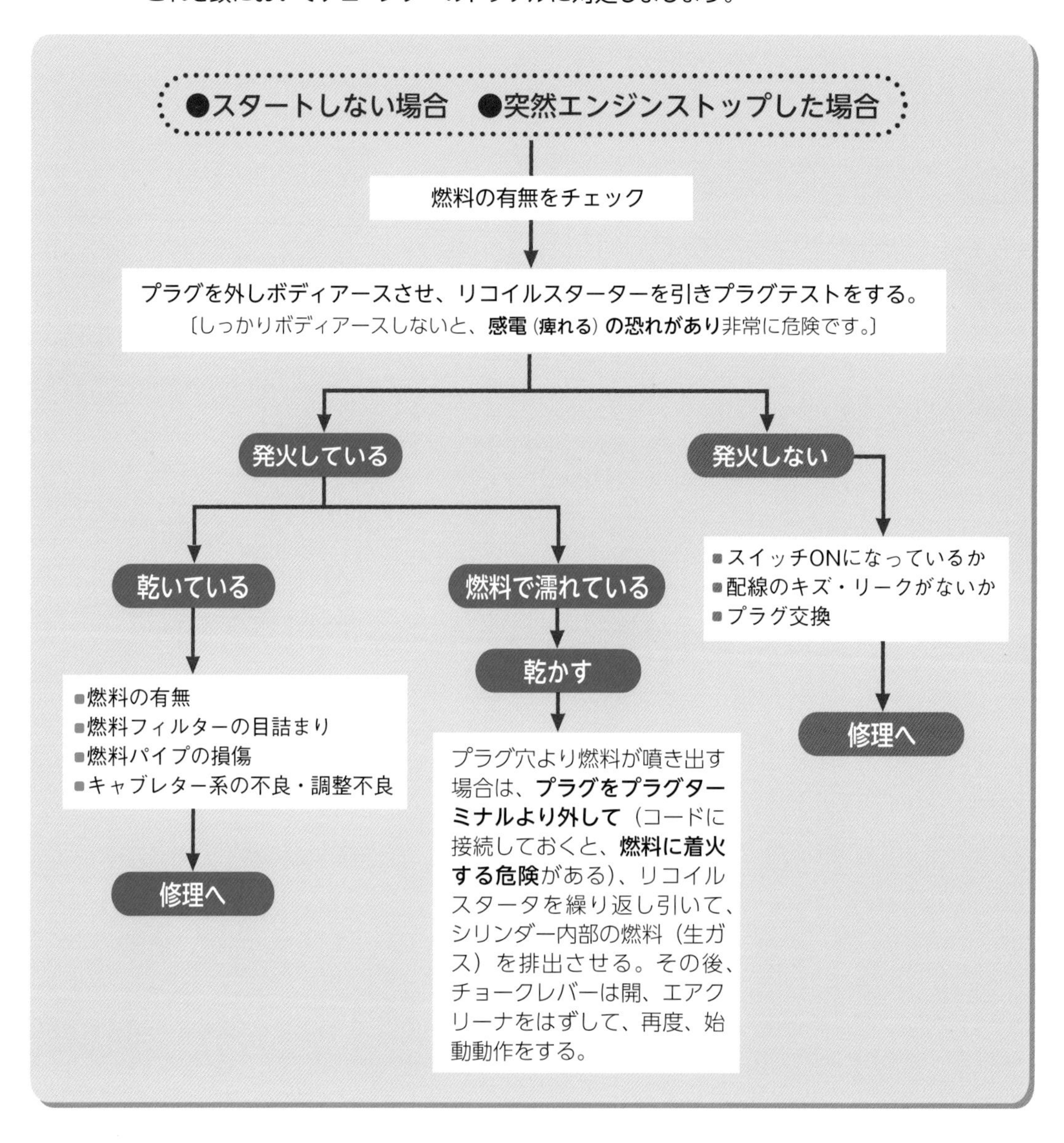

6

安全対策

チェーンソーワークの講習を受けよう

労働安全衛生法で、事業者は、厚生労働省令で定める危険又は有害な業務に労働者をつかせるときは、その業務に関する安全または衛生のための特別の教育を行わなければならないとされています。チェーンソーによる伐木等の業務は、特別教育を必要とする業務として示され、労働安全衛生規則に規定されています。チェーンソーを業務で使用する場合には、特別教育の受講が必要です。販売店や建設機器の講習機関などで、講習会（チェーンソーによる伐木等業務に係る特別教育）は、定期的に開催している場合があります。チェーンソーを仕事で使う人を主な対象とする講習ですが、一般人も受講することができます。基本的なチェーンソーの操作方法や注意事項などを教えてもらえます。

学科では、伐木の基本やかかり木処理、チェーンソーの種類と構造などをテキストやビデオを使って学びます。実技はチェーンソーの点検および整備（解体と組み立て）、目立て、玉切り実習などを屋外で行います。

講習を受けることで作業の安全への意識を高めることができます。あらためて、林業の作業が危険を伴うものであることも自覚することになるかもしれません。

講習料金は、各講習機関によって異なりますが20,000円～ 25,000円程度（2021年時点）です。

チェーンソーによる伐木等の業務に係る特別教育の内容

＊プロを対象にした請習会の例です。

	科目	範囲	時間
学科科目	Ⅰ．伐木作業に関する知識	伐倒の合図、避難の方法	4時間
		伐倒の方法、かかり木の種類およびその処理	
		造材の方法、下肢の切創防止用保護衣等の着用	
	Ⅱ．チェーンソーに関する知識	チェーンソーの種類、構造及び取り扱い方法	2時間
		チェーンソーの点検及び整備の方法	
		チェーンソーの目立ての方法	
	Ⅲ．振動障害およびその予防に関する知識	振動障害の原因および症状	2時間
		振動障害の予防措置	
	Ⅳ．関係法令	安衛法、安衛令および安衛則中の関係条項	1時間
実技科目	Ⅴ．伐木等の方法	造材の方法	5時間
		伐木の方法、かかり木の処理の方法	
		下肢の切創防止用保護衣等の着用	
	Ⅵ．チェーンソーの操作	基本操作、応用操作	2時間
	Ⅶ．チェーンソーの点検および整備	チェーンソーの点検および整備の方法	2時間
		チェーンソーの目立ての方法	

かかり木の危険

かかり木とは、伐倒木が倒れていく途中で、ほかの木に引っかかった状態のことをいいます。かかり木処理での災害を防止することを目的として、厚生労働省「チェーンソーによる伐木等作業の安全に関するガイドライン」（令和２年１月31日）には具体的な事項が示されています。ガイドラインに沿って、かかり木処理の原則について紹介します。

かかり木処理の作業は、危険を伴うため、作業を行う場所で安全の確保に関する調査を行い、その結果を踏まえた作業計画を定め、的確にかかり木処理の作業を行うことが必要です。

このため、かかり木処理の作業における労働災害を防止するためには、次の①～④に示す措置の確実な実施が必要です。

①かかり木に係る事項について調査および記録を行い、かかり木処理の作業の方法および順序等について、作業計画を定めること。
②適切な機械器具等の使用、作業者の確実な退避等、安全な作業を徹底すること。
③かかり木を一時的に放置せざるを得ない場合における講ずべき措置を徹底すること。
④かかり木処理の作業における禁止事項を厳守し、徹底すること。

かかり木処理―安全作業の徹底

かかり木処理の作業については、処理を急ぐばかりに作業者が単独で、かかり木処理の作業における禁止事項等を行うなどの危険な作業をしないよう徹底します。さらに、２人以上の作業者でかかり木処理を行うことなどにより、安全を優先します。

先に挙げた①～④の措置についてあらためて説明します。

①かかり木に係る調査および記録

伐倒対象の立木の状況（伐倒の対象となる立木の樹種・樹齢、胸高直径・樹高の状況、立木の大きさのばらつきおよび立木の密度を含む）、つるがらみ・枝がらみの状況および枯損木・風倒木の状況に基づいて調査をし、その結果を記録します。

上記の結果を踏まえて、かかり木処理に使用する機械器具等を含め、作業計画を定めます。

②安全な作業の徹底

ア.退避場所の選定等

かかり木の発生後、速やかにその場所から退避できる安全な場所を選定します。

イ.かかり木の状況の監視等

かかり木が発生した後、当該かかり木を一時的に放置する場合を除き、当該かかり木処理の作業を終えるまでの間、かかり木の状況について常に注意を払います。

ウ.確実な退避の実施

かかり木処理の作業を開始した後、当該かかり木がはずれ始めた時には、上記アで選定した退避場所に速やかに退避します。

また、かかり木処理の作業を開始する前において、当該かかり木により作業者に危険が生じるおそれがある場合についても、同様に退避します。

エ.適切な機械器具等の使用

上記計画で定められた機械器具等を、作業現場に配置（または携行）し、使用します。車両系木材伐出機械、機械集材装置および簡易架線集材装置（以下「車両系木材伐出機械等」という）を使用できる現場であるかどうか、また、かかっている木の径級、状況により、機械器具等を選択し、かかり木処理を行います。

③かかり木を一時的に放置せざるを得ない場合における講ずべき措置の徹底

かかり木が発生した場合には、当該かかり木を速やかに、確実に処理します。速やかに、確実に処理することが困難である場合には、次の措置を徹底します。つまり、かかり木をやむを得ず一時的に放置する場合については、当該かかり木による危険が生ずるおそれがある場所に作業者等が誤って近づかないよう、当該処理の作業従事者以外の作業者が立ち入ることを禁止し、かつ、その旨を縄張り、標識の設置等の措置によって明示します。

④かかり木処理の作業における禁止事項の周知徹底

次に挙げるかかり木処理方法は行いません（詳細は後述します）。

・かかられている木の伐倒
・かかり木に激突させるためのかかり木以外の立木の伐倒（浴びせ倒し）
・かかっている木の元玉切り
・かかっている木の肩担ぎ
・かかり木の枝切り

かかり木処理の禁止作業

かかり木処理の作業では、次に挙げる処理方法を行ってはいけません。その作業に潜む危険を紹介します。

かかられている木の伐倒

かかられている立木を伐倒する場合、かかり木処理を行う作業者には、かかられている木、またはかかっている木に激突される等の危険があります。

かかり木に激突させるためのかかり木以外の立木の伐倒（浴びせ倒し）

かかり木に激突させるためにかかり木以外の立木を伐倒する場合、かかり木処理を行う作業者には、かかり木に接触した伐倒木が予期せぬ方向に倒れる等により、伐倒した立木に激突される等の危険があります。

かかっている木の元玉切り

かかっている木を元玉切りする場合、かかり木処理の作業者には、かかっている木が転落、または滑動する等の危険があります。

かかっている木の肩担ぎ

かかっている木の肩担ぎをする場合、かかっている木の重量が負荷されることにより、かかり木処理の作業者には、転倒する危険、かかっている木が転落、または滑動する等の危険があります。

かかり木の枝切り

かかり木処理の作業者が、かかられている立木に上り、かかっている木、またはかかられている木の枝条を切り落とす場合、かかっている木がはずれる反動等により、当該作業者には転落する等の危険があります。

かかり木処理補助器具の使い方

車両系木材伐出機械等を使用できる場合

車両系木材伐出機械等の使用が可能な場合には、車両系木材伐出機械等を使用して、かかり木をはずします。

また、車両系木材伐出機械等を使用する場合には、ガイドブロックを用い、安全な方向に引き倒すようにします。機械によるけん引は、急なウインチの操作、走行、ワイヤロープの巻取り等を行わないようにします。

車両系木材伐出機械等を使用できない場合

①かかっている木の胸高直径が20cm以上である場合、またはかかり木が容易にはずれないことが予想される場合

けん引具等を使用して、かかり木をはずします。また、けん引具等を使用する場合には、ガイドブロック等を用い、安全な方向に引き倒すようにするとともに、かかっている木の樹幹にワイヤロープを数回巻き付け、けん引した時に、かかっている木が回転するようにします。

②かかっている木の胸高直径が20cm未満で、かつ、かかり木が容易にはずれることが予想される場合

木回し、フェリングレバー、ターニングフック、ターニングストラップ、ロープ等で、かかり木を回転、もしくは揺さぶって、かかり木をはずします。木回し、フェリングレバー、ターニングストラップ等を使用する場合には、かかっている木が安全な方向にはずれるように回転させるようにします。

さらに、ロープを使用する場合には、伐倒方向の正面からけん引することは厳禁です。必要に応じてガイドブロック（滑車）等を用い、かかっている木を安全な方向に引き倒すようにします。ロープとヒールブロック（動滑車の組み合わせ）で、小さな力でかかり木を引く方法もあります。

振動障害の予防

チェーンソー、刈払機など、強い振動を伴う工具を長時間にわたって用いる人が発病しやすい振動障害として、レイノー現象（蒼白発作）が知られています。

振動障害とは

振動障害は、チェーンソー、グラインダー、刈払機などの振動工具の使用により発生する手指等の末梢循環障害、末梢神経障害および運動器（骨、関節系）障害の3つの障害の総称です。

振動障害は、手や腕を通して伝播されるいわゆる局所振動による障害のことを指し、足や臀部から伝播される全身振動とは区別されています。具体的な症状は、手指や腕にしびれ、冷え、こわばりなどが間欠的、または持続的に現れ、さらに、これらの影響が重なり生じてくるレイノー現象（蒼白発作）を特徴的症状としています。最近は製造業や建設業などの振動工具取扱い者にも発生しています。

発生する主な要因として、振動工具の使用に伴って発生する振動に加えて、作業時間などの作業要因、寒冷などの環境要因、日常生活などの要因が複雑に作用して発症すると考えられています。

振動障害の予防対策

振動障害は、振動工具の使用に伴って発生する振動が、人体に伝播することによって多様な症状を呈する症候群です。厚生労働省からは、「チェーンソー取扱い作業指針について」(平成21年7月10日付け基発0710第1号)により、振動障害予防対策が示されています。抜粋して紹介します。

1. チェーンソーの選定基準

次によりチェーンソーを選定すること。

①防振機構内蔵型で、かつ、振動および騒音ができる限り少ないものを選ぶこと。

②できる限り軽量なものを選び、大型のチェーンソーは、大径木の伐倒等やむを得ない場合に限って用いること。

③ガイドバーの長さが、伐倒のために必要な限度を超えないものを選ぶこと。

2. チェーンソーの点検・整備

①チェーンソーを製造者又は輸入者が取扱説明書等で示した時期および方法により定期的

に点検・整備し、常に最良の状態に保つようにすること。

②ソーチェーンについては、目立てを定期的に行い、予備のソーチェーンを業務場所に持参して適宜交換する等常に最良の状態で使用すること。

また、チェーンソーを使用する事業場については、「振動工具管理責任者」を選任し、チェーンソーの点検・整備状況を定期的に確認するとともに、その状況を記録すること。

3. チェーンソー作業の作業時間の管理および進め方

①伐倒、集材、運材等を計画的に組み合わせることにより、チェーンソーを取り扱わない日を設けるなどの方法により、１週間のチェーンソーによる振動ばく露時間を平準化すること。

②使用するチェーンソーの「周波数補正振動加速度実効値の３軸合成値」を、表示、取扱説明書、製造者等のホームページ等により把握し、それに合った措置を講ずること（詳しくは、WEBで「周波数補正振動加速度実効値」で検索）。

③チェーンソーによる一連続の振動ばく露時間は、10分以内とすること。

④事業者は、作業開始前に使用するチェーンソーの１日当たりの振動ばく露限界時間から、1日当たりの振動ばく露時間を定め、これに基づき、具体的なチェーンソーを用いた作業の計画を作成し、書面等により労働者に示すこと。

⑤大型の重いチェーンソーを用いる場合は、１日の振動ばく露時間および一連続の振動ばく露時間を更に短縮すること。

4. チェーンソーの使用上の注意

①下草払い、小枝払い等は、手鋸、手おの等を用い、チェーンソーの使用をできる限り避けること。

②チェーンソーを無理に木に押しつけないよう努めること。また、チェーンソーを持つときは、ひじや膝を軽く曲げて持ち、かつ、チェーンソーを木にもたせかけるようにして、チェーンソーの重量をなるべく木で支えさせるようにし、作業者のチェーンソーを支える力を少なくすること。

③移動の際はチェーンソーの運転を止め、かつ、使用の際には高速の空運転を極力避けること。

5. 作業上の注意

①雨の中の作業等、作業者の身体を冷やすことは、努めて避けること。
②防振及び防寒に役立つ厚手の手袋を用いること。
③作業中は軽く、かつ、暖かい服を着用すること。
④寒冷地における休憩は、できる限り暖かい場所でとるよう心掛けること。
⑤エンジンを掛けている時は、耳栓等を用いること。

6. 体操等の実施

筋肉の局部的な疲れをとり、身体の健康を保持するため、作業開始前、作業間および作業終了後に、首、肩の回転、ひじ、手、指の屈伸、腰の曲げ伸ばし、腰の回転を主体とした体操およびマッサージを毎日行うこと。

7. 通勤の方法

通勤は、身体が冷えないような方法をとり、オートバイ等による通勤は、できる限り避けること。

本項の参考：厚生労働省WEBサイト「職場のあんぜんサイト」
厚生労働省「チェーンソー取扱い作業指針について」（平成21年7月10日付け基発0710第1号）

関連法令

労働安全衛生規則

労働安全衛生規則*は、労働安全衛生法及び労働安全衛生法施行令に基づき定められたものです。同規則の「第二編第八章 伐木作業等における危険の防止」では、チェーンソーによる伐木作業の労働災害防止のための具体的な事項が示されています。抜粋して紹介します。

* 省令：各省大臣が行政事務について、法律若しくは政令の特別の委任に基づいて発する法令。省令は、主に「○○○規則」という法令名となっている。

（伐木作業における危険の防止）

第四百七十七条 事業者は、伐木の作業（伐木等機械による作業を除く。以下同じ。）を行うときは、立木を伐倒しようとする労働者に、それぞれの立木について、次の事項を行わせなければならない。

一 伐倒の際に退避する場所を、あらかじめ、選定すること。

二 かん木、枝条、つる、浮石等で、伐倒の際その他作業中に危険を生ずるおそれのあるものを取り除くこと。

三 伐倒しようとする立木の胸高直径が二十センチメートル以上であるときは、伐根直径の四分の一以上の深さの受け口を作り、かつ、適当な深さの追い口を作ること。この場合において、技術的に困難な場合を除き、受け口と追い口の間には、適当な幅の切り残しを確保すること。

2 立木を伐倒しようとする労働者は、前項各号に掲げる事項を行わなければならない。

（かかり木の処理の作業における危険の防止）

第四百七十八条 事業者は、伐木の作業を行う場合において、既にかかり木が生じている場合又はかかり木が生じた場合は、速やかに当該かかり木を処理しなければならない。ただし、速やかに処理することが困難なときは、速やかに当該かかり木が激突することにより労働者に危険が生ずる箇所において、当該処理の作業に従事する労働者以外の労働者が立ち入ることを禁止し、かつ、その旨を縄張、標識の設置等の措置によって明示した後、遅滞なく、処理することをもつて足りる。

2 事業者は、前項の規定に基づき労働者にかかり木の処理を行わせる場合は、かかり木が激突することによる危険を防止するため、かかり木にかかられている立木を伐倒させ、又はかかり木に激突させるためにかかり木以外の立木を伐倒させてはならない。

3 第一項の処理の作業に従事する労働者は、かかり木が激突することによる危険を防止するため、かかり木にかかられている立木を伐倒し、又はかかり木に激突させるためにかかり木以外の立木を伐倒してはならない。

（伐倒の合図）

第四百七十九条　事業者は、伐木の作業を行なうときは、伐倒について一定の合図を定め、当該作業に関係がある労働者に周知させなければならない。

2　事業者は、伐木の作業を行う場合において、当該立木の伐倒の作業に従事する労働者以外の労働者（以下この条及び第四百八十一条第二項において「他の労働者」という。）に、伐倒により危険を生ずるおそれのあるときは、当該立木の伐倒の作業に従事する労働者に、あらかじめ、前項の合図を行わせ、他の労働者が避難したことを確認させた後でなければ、伐倒させてはならない。

3　前項の伐倒の作業に従事する労働者は、同項の危険を生ずるおそれのあるときは、あらかじめ、合図を行ない、他の労働者が避難したことを確認した後でなければ、伐倒してはならない。

（造材作業における危険の防止）

第四百八十条　事業者は、造材の作業（伐木等機械による作業を除く。以下同じ。）を行うときは、転落し、又は滑ることにより、当該作業に従事する労働者に危険を及ぼすおそれのある伐倒木、玉切材、枯損木等の木材について、当該作業に従事する労働者に、くい止め、歯止め等これらの木材が転落し、又は滑ることによる危険を防止するための措置を講じさせなければならない。

2　前項の作業に従事する労働者は、同項の措置を講じなければならない。

（立入禁止）

第四百八十一条　事業者は、造林、伐木、かかり木の処理、造材又は木寄せの作業（車両系木材伐出機械による作業を除く。以下この章において「造林等の作業」という。）を行っている場所の下方で、伐倒木、玉切材、枯損木等の木材が転落し、又は滑ることによる危険を生ずるおそれのあるところには、労働者を立ち入らせてはならない。

2　事業者は、伐木の作業を行う場合は、伐倒木等が激突することによる危険を防止するため、伐倒しようとする立木を中心として当該立木の高さの二倍に相当する距離を半径とする円形の内側には、他の労働者を立ち入らせてはならない。

３　事業者は、かかり木の処理の作業を行う場合は、かかり木が激突することにより労働者に危険が生ずるおそれのあるところには、当該かかり木の処理の作業に従事する労働者以外の労働者を立ち入らせてはならない。

（悪天候時の作業禁止）

第四百八十三条　事業者は、強風、大雨、大雪等の悪天候のため、造林等の作業の実施について危険が予想されるときは、当該作業に労働者を従事させてはならない。

（保護帽の着用）

第四百八十四条　事業者は、造林等の作業を行なうときは、物体の飛来又は落下による労働者の危険を防止するため、当該作業に従事する労働者に保護帽を着用させなければならない。

２　前項の作業に従事する労働者は、同項の保護帽を着用しなければならない。

（下肢の切創防止用保護衣の着用）

第四百八十五条　事業者は、チェーンソーを用いて行う伐木の作業又は造材の作業を行うときは、労働者の下肢とチェーンソーのソーチェーンとの接触による危険を防止するため、当該作業に従事する労働者に下肢の切創防止用保護衣（次項において「保護衣」という。）を着用させなければならない。

２　前項の作業に従事する労働者は、保護衣を着用しなければならない。

デザイン ―――――― 根本眞一（クリエイティブ・コンセプト）
撮 影 ―――――― 塚本 哲

写真図解でわかる　チェーンソーの使い方

2021年8月5日 初版発行

著 者 ―― 石垣正喜
発行者 ―― 中山 聡
発行所 ―― 全国林業改良普及協会
〒107-0052 東京都港区赤坂1-9-13 三会堂ビル
電話 03-3583-8461（販売担当）
03-3583-8659（編集担当）
FAX 03-3583-8465
注文専用FAX 03-3584-9126
HP http://www.ringyou.or.jp/

印刷・製本所 ― 株式会社 技秀堂

Printed in Japan ISBN978-4-88138-405-3

● 一般社団法人 全国林業改良普及協会（全林協）は、会員である47都道府県の林業改良普及協会（一部山林協会等含む）と連携・協力 して、出版をはじめとした森林・林業に関する情報発信および普及に取り組んでいます。
全林協の月刊「林業新知識」、月刊「現代林業」、単行本は、次のＵＲＬリンク先の協会からも購入いただけます。
http://www.ringyou.or.jp/about/organization.html
〈都道府県の林業改良普及協会（一部山林協会等含む）一覧〉

全林協のチェーンソーワーク関連図書

全林協では、チェーンソーワークの入門編（本書）から技術向上を目指す本、さらには樹上でのリギング（伐採剪定）技術を紹介する本まで、さまざまな本を発行しています。

改訂版

伐木造材とチェーンソーワーク

技術の向上を目指す

ISBN 978-4-88138-406-0
石垣正喜・米津 要　著
定価：本体 3,000 円＋税
A4 判

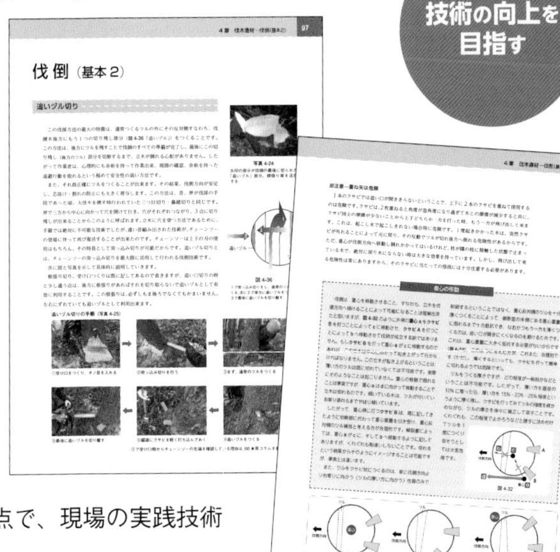

林業の新規就業者を対象にした「緑の雇用」研修で、長年テキストとして利用されています。安全な伐木作業を「作業者が、対象木を作業開始から終了まで十分なコントロール下に置くこと」と、定義づけ、いかに安全を確保しながら作業を可能にするかという視点で、現場の実践技術をまとめました。

（主な項目）チェーンソー／ソーチェーンの目立て／伐木の訓練／伐木造材／伐木の補助器具／伐木の指導 ほか

「なぜ？」が学べる実践ガイド

納得して上達！伐木造材術

イラストでよく分かる

ISBN 978-4-88138-279-0
ジェフ・ジェプソン 著／
ブライアン・コットワイカ イラスト
定価：本体 2,200 円＋税
A5 判　232 頁

世界中で好評の書籍「TO FELL A TREE」（第３版）の日本語版。200 点以上の図を用い、作業開始前の準備、伐木、難しい木の伐倒、枝払い・玉切り、薪割りや薪積みの方法などを説明しています。さらに、以下のことも紹介しています。

（主な項目）作業の危険性／チェーンソーの安全性／個人用保護具／人や所有物の保護／受け口と追い口の正しい作り方／風害木の伐倒／枝や丸太の選び方／薪の割り方と積み方

狙いどおりに伐倒するために
伐木のメカニズム

ISBN 978-4-88138-392-6
上村 巧 著
定価：本体 2,500 円＋税
A5 判　188 頁
（カラー口絵 16 頁
本文カラー 76 頁　モノクロ 96 頁）

伐木の力学的な原理を解説

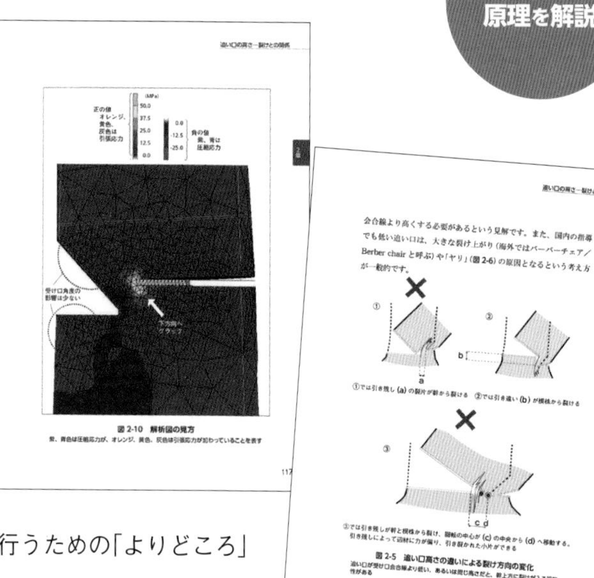

「受け口・追い口・ツル」の規定寸法の妥当性を試験・解析。鋸断に失敗すると、どこにどんな力が加わり、どんな現象を招くのか。伐木の力学的な原理を丁寧に解説。安全で正確な伐倒を行うための「よりどころ」となる１冊です。

（主な内容）国内の伐倒技術の変遷とその理由／海外の受け口の形の意味／ツルに加わる力と役割／受け口角度の意味／受け口の深さ―ツルとの関係／追い口の高さ―裂けとの関係／ツルの幅―裂けとの関係／受け口の会合線が一直線にならないとどうなるか／ツル幅が均一でないとどうなるか／受け口会合線や追い口が傾くとどうなるか ほか

小田桐師範が語る
チェーンソー伐木の極意

ISBN 978-4-88138-286-8
小田桐久一郎 著／杉山 要 聞き手
定価：本体 1,900 円＋税
A5 判　208 頁

1万人のプロを育てた実績ある研修講師が語る

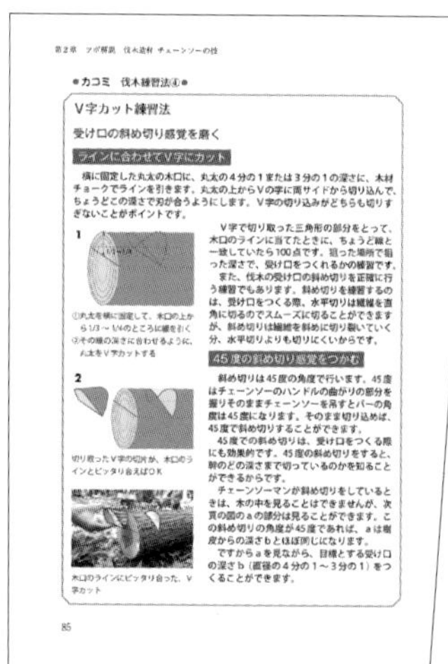

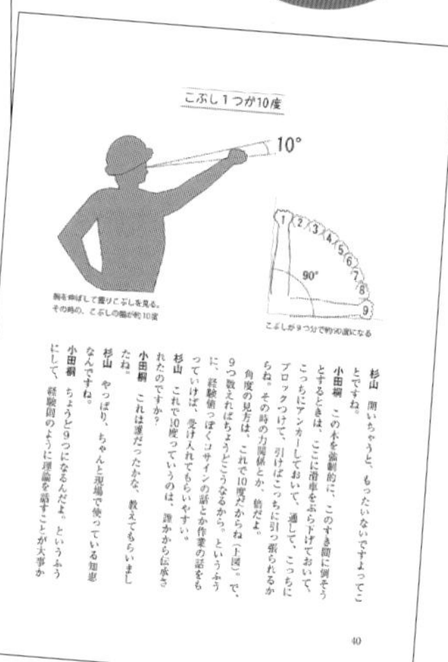

著者（林材業安全技能師範）が、指導のエッセンス、チェーンソー上達のコツ、安全で効率的な伐木造材チェーンソーワークの技、伐木造材の技術の磨き方、実践的な安全対策、安全作業等について伝えています。教え子との技術交流も紹介。

（主な内容）上達のコツ―こうすればあなたもプロに…、施業理論と技術の関係、「見える」と「読める」の違い／ツボ解説 伐木造材 チェーンソーの技…デプスゲージの調整、燃料、難しい木の伐倒方法 ほか

ISA公認テキスト アーボリスト®必携
リギングの科学と実践

ISBN 978-4-88138-361-2
ISA International Society of Arboriculture／ピーター・ドンゼリ／シャロン・リリー　著
定価：本体 5,000 円＋税
B5 判　184 頁

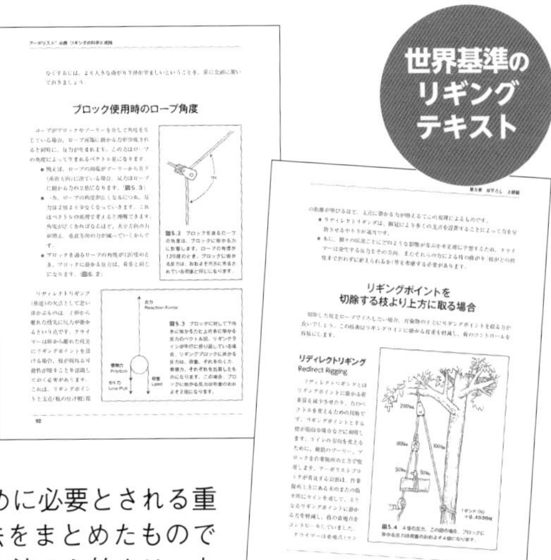

アーボリストの国際組織・ISA が数十年間にわたり重ねてきた科学的研究、現場実証による実績をもとに、アーボリストが安全にリギング（伐採剪定）を行うために必要とされる重要な基礎技術および事故防止のためのベストな方法をまとめたものです。器材の選択と使用、結び、枝下ろしの基本的な方法から始まり、上級テクニックまで紹介しています。

（この本で学べる主な技術）リギング器材の安全率と限界使用荷重／リギングノット／バットタイ、チップタイ／バランシング／リディレクトリギング／フィッシングポールテクニック／メカニカルアドバンテージ／ロードトランスファーとドリフトライン／スパイダーリギング／スピードライン／ブロッキング（断幹）／衝撃荷重の軽減方法 ほか

ISA公認　アーボリスト®基本テキスト
クライミング、リギング、樹木管理技術

ISBN 978-4-88138-376-6
ISA International Society of Arboriculture／シャロン・リリー　著
定価：本体 8,000 円＋税
A4 判　オールカラー　200 頁

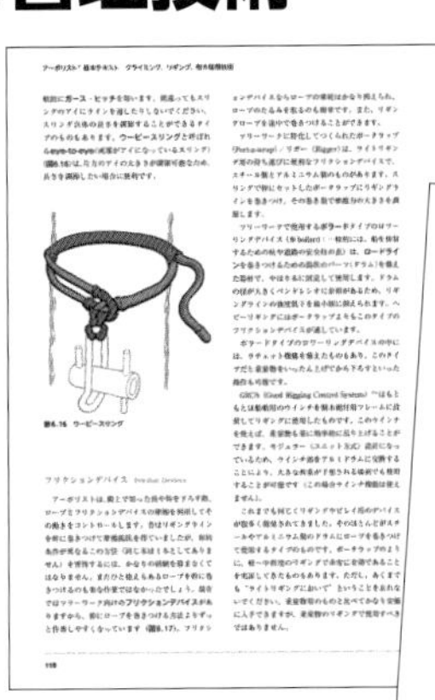

ISA 発行の「Tree Climbers' Guide, 3rd Edition」は、樹上作業者の手引き書として世界中で読まれています。ISA の数多くの研究と現場実践による実績をもとに、「なぜその作業方法か」「なぜ危険か」を示し、安全で適切な樹上作業の原則について 300 点を超えるカラーイラストで分かりやすく解説しています。ISA や ATI の認定資格試験のための学習ガイドでもあります。

（この本で学べる主な技術）樹木の成長と構造／樹木の健康とストレス／ワーカー間のコミュニケーション／グラウンドワーカーの役割／ツリーケアで使用するロープ、ノット／器材の点検、樹木と周辺の調査／樹上での作業／緊急対応／健全な構造づくりのための剪定／剪定のテクニック／リギングで使用する器材／リギングテクニックの基礎／樹木の伐倒、造材／ケーブル設置器材と使用する道具／ケーブルの設置方法

〈出版物のお申し込み先〉

各都道府県林業改良普及協会（一部山林協会など）へお申し込みいただくか、オンライン・FAX・お電話で直接下記へどうぞ。

全国林業改良普及協会　〒107-0052　東京都港区赤坂1-9-13 三会堂ビル　TEL. 03-3583-8461
ご注文 FAX 03-3584-9126　http://www.ringyou.or.jp　ホームページもご覧ください。

※代金は本到着後の後払いです。送料は一律 550 円。5000 円以上お買い上げの場合は無料。
※社会情勢の変化により、料金が改定となる可能性があります。

OREGON®

１９４０年代半ば、ベテランのチェンソーユーザーであったジョセフ・ビュフォード・コックスは、新しいソーチェーンのアイディアを求め、自然の中からヒントを探していました。
彼はカミキリムシの幼虫を見て閃きます。Ｃの字型の両顎で、切り株をいとも簡単に切り裂いているように見えたのです。
ジョーは、オレゴン州ポートランドの自宅地下室で、カミキリムシの幼虫の顎をモデルとした革新的なソーチェーンを発明したのです。これがコックス・チッパー・チェーン（Cox Chipper Chain）です。
１９４７年、彼はソーチェーンの生産をする為、オレゴンでオレゴン・ソーチェーン・マニュファクチャリング・コーポレーション（Oregon Saw Chain Manufacturing Corporation）を設立しました。
ジョーが発明したソーチェーンの基本構造は今なお広く使用されており、伐採業の歴史において最大級の影響を与えています。